PROGRAMME D'UN COURS

D'ARITHMÉTIQUE

THÉORIQUE ET PRATIQUE

OU

THÉORÈMES & PROBLÈMES

appliqués aux Industries du Nord

PAR V. TILMANT

ancien Instituteur

bachelier ès-sciences, maître-adjoint à l'école normale de Douai,
ex-professeur à l'école des arts industriels et des mines de Lille.

OUVRAGE DESTINÉ

à l'enseignement spécial et aux cours d'adultes.

LILLE

HOREMANS, IMPRIMEUR, LIBRAIRE ET LITHOGRAPHE

1866.

AVERTISSEMENT.

Cet ouvrage est le résumé des leçons faites pendant plusieurs années aux élèves des cours préparatoires, à l'École des Arts industriels de Lille. Les données qu'on y trouvera méritent toute confiance : elles ont été prises dans l'*Annuaire du Bureau des Longitudes*, au *Moniteur*, ou dans les ouvragesspéciaux de MM. Payen, Girardin, Perdonnet, Faye, Péclet, etc.

Les besoins actuels de l'enseignement expliquent suffisamment la publication de ce petit livre, et pour s'assurer de quelle manière et dans quelle mesure il y satisfait, il suffira de parcourir la table des matières placée à la fin du volume.

Le complément de la seconde partie, c'est-à-dire les solutions raisonnées des problèmes, avec de nombreuses notes, est en préparation et ne tardera pas à paraître.

SIGNES.

$+$ se lit *plus*, et indique l'addition.

$-$ — *moins*,   — la soustraction.

$\times$ ou $\cdot$ — *multiplié par* — la multiplication.

$-$ ou $:$ — *divisé par* — la division ou un rapport.

$=$ — *égale ;* $>$ *plus grand que ;* $<$ *plus petit que.*

ABRÉVIATIONS.

D. signifie dividende.

d.   — diviseur.

Kgm.   — kilogrammètre.

m. ou mult. — multiple.

m^r ou mult^r — multiplicateur.

mult^{de} — multiplicande.

n.   — nombre.

P.   — pratique ou problème.

p. g. c. d. signifie plus grand commun diviseur.

p. p. m. c. signifie plus petit multiple commun.

q. signifie quotient.

q.c.q.   — quelconque.

q.q.fs.   — quelquefois.

r.   — reste.

S.   — somme.

T.   — théorie ou théo-rème.

PREMIÈRE PARTIE

THÉORIE.

LIVRE I.

NUMÉRATION ET SYSTÈME MÉTRIQUE.

CHAPITRE I.

DÉFINITIONS.

1 Grandeur. Unité ou mesure. Nombre. Ex.
G continue. U convention^{le}. N concret. Syst. mét.
G discontinue. U naturelle. N abstrait. Ex. divers.

2 N. entier. Fraction : ordinaire, décimale.
Nombre fractionnaire. — Nombre décimal.
Expression fractionnaire.

3 But et division de la numération :
1° formation et énonciation des nombres ;
2° écriture et lecture des nombres.
Formation des nombres entiers,

NOMBRES

CHAPITRE II.

NUMÉRATION PARLÉE.

4 But : *Nomenclature* des nombres entiers.
Noms des neuf premiers nombres entiers.
Réunion des unités en ordres, et valeur d'une unité en unités de l'ordre immédiatement infr.
5 Dix *unités d'un ordre quelconque en font* UNE *de l'ordre immédiatement supérieur.*
Noms des n. de dizaines, puis de *dix* à *cent.*
Noms des n. de centaines, puis de *cent* à *mille.*
6 *Classes* ou unités d'ordre ternaire composées d'unités, dizaines et centaines, de un à mille.
Noms des nombres de *mille* à un *million*, puis d'un *million* à un *billion* ou *milliard*, etc.
7 A tous les n. d'unités d'une classe, on ajoute les noms des n. $<$ l'unité de cette classe.
8 Changement d'unité et de la valeur du n.

FRACTIONS

9 Formation et énonciation des diverses parties, d'après la réciproque du principe ci-dessus.
10 Enonciation d'une fraction ou d'un n. déc :
1º Par ordres séparés ;
2º Par classes de 3 ordres ;
3º comme un n. entier des plus petites parties.
11 Changements d'unité et du nombre.

ENTIERS.

CHAPITRE III.

NUMÉRATION ÉCRITE.

12 But : Écriture des n. en *chiffres*, et lecture.
Valeur absolue des 9 chiffres significatifs.
Nécessité du zéro ou *chiffre d'ordre.*
Valeur relative, locale ou de position.
13 *Tout chiffre placé à la gauche d'un autre représente des unités* DIX *fois plus grandes.*
Ecriture, des n. de dizaines, puis de 10 à 100.
Ecriture, des n. de cent., puis de 100 à 1000.
14 *Tranches* de 3 chiffres, représentant les *classes* et leurs 3 ordres d'unités, de 1 à 999.
Ecriture, puis lecture , de 1.000 à 1.000.000, puis de 1.000.000 à 1.000.000.000.
15 Règles : 1° pour écrire un n. entier dicté ;
2° pour lire un n. entier écrit en chiffres.
16 Effets du zéro ajouté ou supprimé à droite.

DÉCIMALES.

17 Ecriture, puis lecture, des diverses parties, d'après la réciproque du principe ci-dessus.
18 Ecrire et lire une fraction ou un n. déc. :
1° par chiffres séparés ;
2° par tranches de 3 chiffres ;
3° comme un n. entier des plus petites parties.
19 Déplacements de la virgule. Zéro à droite.

CHAPITRE IV.

ÉTENDUE : LONGUEUR, SURFACE, VOLUME.

20 *Système métrique, légal*, ou *décimal.*
Grandeurs et mesures ou unités principales.
Multiples et sous-multiples décimaux , et mots
qui servent à les exprimer. Doubles et moitiés.
21 1° *Mesures de longueur* ou *mesures linéaires.*
Mètre, base du système. Sa détermination.
Mesures effectives. Formes , matières, usages.
Unités itinéraire, ordinaire, de précision.
Tracé et évaluation de longueurs à 0,1 près.
Écriture et lecture de n. en changeant d'unité.
Problèmes sur les longueurs : conversions.
22 2° *Mesures de surface* ou de *superficie.*
Mètre carré, multiples et sous-multiples.
Démonstration graphique du *rapport* 100 d'une
unité à l'unité immédiatement inférieure (¹).
23 *Are*, son multiple et son sous-multiple.
Mesures topographiques, agraires, ordinaires.
Écriture et lecture avec changements d'unité.
3° *Mesures de volume* ou de *solidité.*
24 *Mètre cube*, multiples et sous-multiples.
Rapport (1000) de deux unités consécutives.
25 *Stère*, mult. et sous-mult.; leur hauteur.
Dans le stère, c'est *l'inverse* de la longueur.
Écriture et lecture en changeant l'unité.

(¹) Pour les surfaces et les volumes, les noms des multiples
et sous-multiples n'indiquent pas leur rapport à l'unité prin-
cipale, mais seulement la longueur du côté.

CHAPITRE V.

MESURES DE CAPACITÉ ET DE POIDS.

4° Mesures de capacité ou de *contenance*.

26 *Litre*. Sa valeur et sa forme cylindrique. Multiples et sous-multiples du litre.

Formes et matières, suivant leurs usages, des 4 séries de mesures effectives, de l'H. l. au c. l.: 13 pour les liquides : 5 en tôle, 8 en étain ; 11 grandes en bois pour les matières sèches, 8 petites en fer blanc pour le lait et l'huile.

Écriture et lecture avec changements d'unité et comparaison aux mesures de volume.

27 5° *Poids. Gramme.* Sa détermination. Multiples (tonneau, quintal.) et sous-mult.

Formes et matières des 24 poids effectifs : 10 gros poids pyramidaux en fonte $<$ 100 Kg., 14 poids moyens cylindriques en cuivre $<$ 50 Kg., 9 petits poids en lames de laiton (¹) $<$ 1 gr. et 9 poids à godets en cuivre de 1 gr. et plus.

Nécessité d'avoir en double le gramme (²) et chaque multiple et sous-multiple décimal.

28 Loi des leviers. Instruments de pesage : balances, romaine, bascules. Peson, dynamomètre.

Conditions d'exactitude d'une balance.

Méthode de la double pesée de Borda.

Comparaison des poids aux vol. d'eau pure.

(¹) *L'aluminium*, léger et peu altérable, vaudrait mieux.

(²) C'est en réalité le double gramme qui est répété, sans doute à cause de la série des poids à godets.

1.

CHAPITRE VI.

MONNAIES ET MESURES DIVERSES.

29 6º *Monnaies. Franc.* Sa dérivation du m.
Multiples et sous-multiples (noms irréguliers).
Séries des pièces de monnaie de 100ᶠ à 0ᶠ,01.
5 pièces d'or, 5 d'argent et 4 de bronze.
30 Titre légal, 0,900 $\pm$ 0,002 de *tolérance*.
Pièces divisionnaires d'arg., à 0,835 $\pm$ 0,003.
Rapport des valeurs de l'or et de l'argent à
poids égal et des poids à valeur égale. (15,5)
Poids des pièces des 3 séries. Tolérances.
31 Valeur des monnaies étrangères *au pair*.
Titres des objets d'or (3) et d'argent (2).
Leur valeur aux changes des monnaies.
7º *Mesures des températures* ou de *la chaleur.*
32 Thermomètres : centigrade ou de Celsius,
de Réaumur et de Fahrenheit, comparés.
8º *Mesures du temps* et de *la circonférence.*
33 Jour, heure, minute, seconde (h. m. s.).
Divisions centésimale et sexagésimale :
1' En 400 *grades* divisés en dixièmes, etc.
2º En 360 degrés de 60 minutes, de 60 secondes,
qu'on écrit ainsi : 1º $=$ 60' et 1' $=$ 60".
Avantages dela 1ʳᵉ pourla mesure des latitudes.
_________________ 2ᵉ _________________ longitudes et leur fréquente conversion en temps.

CHAPITRE VII.

TABLEAU SYNOPTIQUE DES MESURES ÉQUIVALENTES.

SURFACES . {	Agraires.	16,000 H. a.	100 H.a	Hec-tare.	*Are.*	cen-tiare.	»	»	»
	Topog. et ord°ˢ	*M.m.q.*	*K.m.q.*	*H.m.q.*	*D.m.q.*	m. q.	dm. q	cm. q.	mm. q.
VOLUMES. . {	Bois de chauf.	D. st.	*Stère.*	d. st.	(Cette ligne ne correspond qu'à la suivante).				
	Ordinaires.	10 m c.	*m. c.*	100dm.c.	10 dm.c.	*dm. c.*	100 cm.c.	10 cm.e.	*cm. c.*
EAU PURE à + 4° C. {	Capacité.	M. l	K. l.	H. l.	D. l	*litre.*	d. l.	c. l.	m. l.
	Poids.	10 ton.	Tonneau.	Quintal	10 K. g.	K. g.	H. g.	D. g.	*gramme*
MONNAIES . {	D'argent.					200 fr.	20 fr.	2 francs	20 cent.
	De bronze.					10 fr.	1 franc.	1 déc.	1 cent.

REMARQUES. I. La 3ᵉ ligne horizontale ne correspond qu'à la 4ᵉ, mais celle-ci correspond aux quatre dernières.

1. Les noms en *italique* rappellent les définitions : le mot en abrégé définit l'autre de la même colonne.

TABLEAU DE LA NUMÉRATION DES NOMBRES DÉCIMAUX.

CHAPITRE VIII. NOMBRES ENTIERS.   CH. IX, FRACTIONS DÉCIMALES[1].

ARITHMÉTIQUE	Classes ou branches.	III. MILLIONS.	II. MILLE.			I UNITÉS.			II. MILLIÈMES.			III. MILLIONIÈMES.		
	Ordres ou rangs...	7.	6.	5.	4.	3.	2.	1.	2.	3.	4.	5.	6.	7.
	Nom des ordres...	M.	C. K.	D. M.	Mille.	Cent.nes	Dizes	Unités.	dix.me	cen.me	mill.me	dix-mil.	cent-m.	millième
SYSTÈME MÉTRIQUE COMPRENANT LES MESURES — CH. X.	Noms abréviatifs des multiples.			Myria.	Kilo.	Hecto.	Déca	Unités	déci.	centi.	milli.	mots sous-multiples.		
	De longueur.			M. m.	K. m.	H m	D. m	Mètre.	d. m.	c. m.	m. m.			
	Agraires					H. a.		Are.		c. a.				
	De Bois de chauffage.						D. st.	Stère.	d. st.					
	De capacité.			M. l.	K. l.	H. l.	D. l.	Litre.	d. l.	c. l	m. l.			
	De Poids.	Tonneau.	Quint.	M g.	K. g.	H. g.	D. g	Gram.	d. g.	c. g.	m. g.			
	De valeur ou monnaies.					100 fr.	10 fr.	Franc.	décime	cent				
	De surface.			Km. q.	H. m. q.	D m q	Mètre carré.		d. m. q.	c. m. q.	m.m. q.			
	De volume.			Hm. c.	D. m. c		Mètre cube.		d. m. c.	c. m. c.				

[1] REMARQUES : 1° Dans un nombre entier ou dans une fraction décimale, le chiffre des unités est le premier, à droite ou à gauche;
2° Les unités de deux ordres également éloignés des unités simples ont des *noms analogues* et *des valeurs inverses*, et de plus s'écrivent avec le même nombre de chiffres (celui qui indique leur rang, à droite ou à gauche);
3° Les multiples ou sous-multiples en *italique* sont ceux qui sont le plus souvent pris pour unités.

LIVRE II.

CALCUL.

34 But.— Moyens employés : 4 opérations.

CHAPITRE XI.

ADDITION DES NOMBRES ENTIERS.

35 But : *Réunir plusieurs nombres de même espèce en un seul. Signe.*

Noms du résultat : usages de l'addition.

Cas élémentaire : 8 fr. $+$ 3 fr. ou 38 fr. $+$ 3 fr.

Moyen de le résoudre : $8 + 1 + 1 + 1 = 11$.

Table d'addition, jusqu'à $9 + 9$ seulement.

Cas général : 3487 fr. $+$ 59 fr. $+$ 735 fr.

36 *Règle générale* pour additionner plusieurs n.

Nécessité de commencer l'addition par la droite, au moins quand il y a des retenues.

37 *Preuve.* Son but et sa valeur en raison de sa facilité et de sa différence de la 1re opération.

Preuve de l'addition par une 2e en sens inverse.

38 *La somme de plusieurs nombres ne change pas, quand on intervertit l'ordre de ses termes.* (').

Addition et preuve par plusieurs additions partielles, si l'on a beaucoup de n. à additionner.

39 *Pour ajouter une somme à une quantité quelconque on l'écrit, telle qu'elle est indiquée, à la suite de cette quantité.*

(1) Ce principe est encore vrai quand, au lieu d'une *somme* proprement dite, on a une *somme algébrique* ou *polynome*, c'est-à-dire une expression renfermant des termes précédés du signe $+$ ou du signe $-$. Ainsi $7 + 5 - 4 = 7 - 1 + 5$. Cette remarque s'applique aussi au n° 39.

CHAPITRE XII.

SOUSTRACTION DES NOMBRES ENTIERS.

40 But : *Retrancher un nombre d'un autre de même espèce. Signe.*

Noms du résultat : usages de la soustraction.
Cas élémentaire: 9ᶠ— 5ᶠ. Moyens de le résoudre.
Autre définition, tirée de la solution ordinaire.

41 *Connaissant la somme de deux nombres et l'un de ces nombres, trouver l'autre.*

Table jusqu'à 18 — 9, ou 9 ôté de 18.
Cas général : 1° 647ᶠ — 321ᶠ : 2° 647ᶠ — 468ᶠ.
Règle générale fondée sur ce principe :

42 *La différence de deux n. ne change pas, quand on ajoute ou retranche à chacun un même n.*
Nécessité de commencer par la droite.

43 Avantage de la compensation sur l'emprunt: 1° quand le n. supérieur renferme des zéros; 2° comme préparation à la division (n° 71).

44 Preuve de la soustraction en égalant les n. par une 2ᵉ soustraction, ou mieux par l'addition.

45 *Pour retrancher d'un n. qcq. une somme ou une différence, on l'écrit après ce n., en changeant les signes de tous ses termes.*

46 Si l'on ôte de 5 les *n. croissants* 2, 3, 4, 5, 6, 7, 8 ou qu'on ôte 5 des *n. décroissants* 8, 7, 6, 5, 4, 3, 2, on obtient les *restes décroissants* 3, 2, 1, 0, — 1, — 2, — 3.

47 Chacun des derniers, < 0, est dit *nombre négatif*, et est l'opposé du même *nombre positif*.

Interprétation des n. négatifs sur le thermomètre, etc.

CHAPITRE XIII.

MULTIPLICATION DES NOMBRES ENTIERS.

48 But : *Prendre un nombre autant de fois qu'il y a d'unités dans un autre*. Signes.

Noms du résultat et des facteurs. Signification.

49 Nature du produit. Multiplicateur abstrait.

50 Comparaison de cette opération à l'addition et construction d'une table de multiplication par l'addition successive d'un n. à lui-même.

1er cas : 7 fr. $\times$ 4, résolu à l'aide d'une table.

Table dite de Pythagore. Construction et usage. Avantage, pour l'étude, de la table précédente.

2e cas. 348 fr. $\times$ 5, comparé à l'addition, et ramené à plusieurs applications du 1er.

3e cas, 348 fr. $\times$ 235, ramené à plusieurs applications du 2e, d'après les n°s 16 et 58.

51 *Règle générale*. Mettre le 1er chiffre de chaque produit partiel sous son chiffre mult^r.

52 Cas où il y a un ou plusieurs zéros :

1° Dans l'intérieur des facteurs (au mult^r).

2° A la fin, en les reportant au multiplicande.

53 Preuve de la multiplication d'après le n° 57, ou mieux par 9 (pratique seulement), en plaçant les restes des facteurs des 2 côtés du signe $\times$

54 Le n. des chiffres du produit est la somme S des n. de chiffres des facteurs, ou S — 1.

CHAPITRE XIV.

PRINCIPES SUR LA MULTIPLICATION.

55 Multiplication de (ou par) une somme ou une différence. Application de la Réciproque : Mettre un facteur commun en évidence.

56 *Règle des signes* tirée des principaux cas.

57 *On peut toujours intervertir l'ordre : des facteurs, s'il y en a 2.* Application (53).

— *des 2 derniers facteurs, s'il y en a 3.*

— *de 2 facteurs consécutifs quelconques.*

— *des facteurs d'une façon quelconque.*

58 *On peut toujours remplacer un produit par ses facteurs, et réciproquement.*

59 *Quand on multiplie un facteur par un nombre, le produit est multiplié par ce nombre.*

COROL. *Pour multiplier un produit par un n. il suffit d'en multiplier un facteur par ce n.*

Il en est de même s'il s'agit de diviser.

Définitions : Puissance, exposant. *Carré. Cube.*

Produit de 2 puissances du même nombre.

60 *Règle des exposants.* $7^3 \times 7^2 = 7^{3+2} = 7^5$.

Puissance d'une puissance $(8^2)^3 = 8^{2 \times 3} = 8^6$.

61 Puissance d'un produit $(3^2 \times 5^3)^2 = 3^4 \times 5^6$.

62 Carré d'une somme ou d'une différence.

63 Produit de la somme de 2 n. par leur différence, ou de la différence par la somme

CHAPITRE XV.

DIVISION DES NOMBRES ENTIERS.[1]

64 But: 1° *Partager un n* (D) *en autant de parties égales qu'il y a d'unités dans un autre* (d). Signes. Noms et signification des termes et du résultat.

65 Nature du quotient quand le d est abstrait. Solution très-élémentaire de ce cas, conduisant à:

66 2° *Chercher combien de fois un nombre donné* (D) *en contient un autre de même espèce* (d).

67 Ici on a un *quotient abstrait*, ou *rapport*. Comparaison de cette opération à la soustraction ou à l'addition, d'où (50), $D = d \times q$.

68 3° *Connaissant le produit de deux nombres* (D) *et l'un de ces nombres* (d), *trouver l'autre* (q).

69 S'il y a un reste r, $D = d \times q + r$.

70 1er cas, $(d < 10)$, 20 f. : 4 ou 21 f. : 4, puis 3458 f. : 6 résolu d'après la 1re définition. Simplification en *prenant* du D *l'inverse* du d.

71 2e cas, $(q < 10)$, 3458 f.: 691, résolu d'après 68, en négligeant le même nombre de chiffres au D et au d, puis faisant à mesure la soustraction (43).

72 3e cas, 69589 f. : 327, d'après 64 et 68.

73 *Règle* pour diviser un n. par un autre.

74 Le n des chiffres du quotient est la différence *d* des n de chiffres du D et du d, ou $d + 1$.

75 Preuve par une 2e division, ou mieux par la multiplication du quotient par le d.

[1] D désigne le *dividende*, d le *diviseur*, q le *quotient*.

CHAPITRE XVI.

PRINCIPES SUR LA DIVISION.

76 Division d'une somme ou d'une différence. *Règle des signes* tirée de celle du n° 56.

77 *Quand on multiplie (ou divise) le D par un nombre, le quotient est multiplié (ou divisé) par ce nombre, ainsi que le reste, s'il y en a un.*

78 *Quand on multiplie (ou divise) le d par un n., le quotient est divisé (ou multiplié) par ce n.*

79 COROL I. *Pour multiplier le quotient par un nombre, il suffit de multiplier le D par ce n.*

80 COROL II. *Pour diviser le quotient par un nombre, il suffit de multiplier le d par ce n.*

81 *Quand on multiplie (ou divise) le D et le d par un même nombre, le quotient ne change pas mais le reste est multiplié (ou divisé) par ce nombre.*

82 *Pour diviser par un produit, il suffit de diviser successivement par ses facteurs,* c'est-à-dire D par le 1er, q par le 2e, q' par le 3e.

Quotient de 2 puissances du même nombre.

83 *Règle des exposants,* $7^5 : 7^3 = 7^{5-3} = 7^2$.

Exposant 0. $7^3 : 7^3 = 7^{3-3} = 7^0 = 1$.

84 Exposant négatif, $7^3 : 7^5 = 7^{-2} = 1/7^2$.

Définitions : Racine, rac. carrée, rac. cubique.

85 Quand, dans une division, le quotient est égal au diviseur, chacun est la racine carrée du D.

CHAPITRE XVII.

NUMÉRATION ET CALCUL DES FRACTIONS DÉCIMALES ET DES NOMBRES DÉCIMAUX.

§ 1. *Numération.*

86 Analogie parfaite avec celle des n. entiers.

§ 2. *Addition et soustraction.*

87 On opère comme pour les nombres entiers. On peut compléter les décimales par des zéros. Place de la virgule dans les résultats.

§ 3. *Multiplication.*

88 But : *composer un produit avec le multiplicande comme le mult^r. est composé avec l'unité.* Comparaison à la définition du chap. XIII.

89 Rendre *en théorie* le multiplicateur entier, en faisant passer sa virgule au multiplicande, d'où la *Règle* pour le placement de la virgule. Même règle déduite du principe du n° 59.

§ 4. *Division.*

90 Définition générale (3°, XV) ou 1re (64).

91 Rendre *toujours* le diviseur un nombre entier *d'unités* (81), sans chiffres décimaux ni zéros.

92 Evaluation d'un quotient en décimales, c-à-d. à moins d'une unité ou d'une demi-unité décimale indiquée.

CHAPITRE XVIII.

APPROXIMATIONS.

§ 1. *Numération.*

93 Valeur approchée, par excès ou par défaut, d'un n. entier ou décimal donné avec trop de chiffres.

Erreur : 1° à moins d'une unité décimale , en plus ou en moins à volonté ;

2° A moins d'une demi-unité décimale, en plus ou en moins selon la valeur du chiffre suivant.

Quand le 1er chiffre supprimé est 0 ou 9, l'erreur commise est $<$ 1 dixième (ou 0,1/2) de l'unité représentée par le dernier chiffre conservé.

§ 2. *Addition.*

94 Pour obtenir la somme de 10 nombres au plus, à moins d'une unité décimale (ou de 1/2), il suffit que chacun soit approché à moins d'un dixième de cette unité (ou de 0,1/2).

Si l'addition a de 10 à 100 nombres , prendre chacun à moins d'un centième (ou de 0,0 1/2.)

§ 3. *Soustraction.*

95 Pour obtenir le reste à moins d'une unité, il suffit d'avoir les 2 nombres à moins de 1/2, dans le même sens, ou même en sens opposé.

Examen des principaux cas.

CHAPITRES XIX et XX.

MULTIPLICATION ABRÉGÉE.

96 Mult^{de} complété au besoin par des zéros.

Renverser le multiplicateur, et placer ses unités sous les centièmes de l'unité demandée.

Commencer au-dessus de chaque chiffre mult^r.

97 Tous les produits partiels sont de même ordre, et l'erreur E est $<$ la somme des chiffres m^{rs} employés et du premier négligé augmenté de 1.

Négliger 2 chiffres au produit total , et forcer.

DIVISION ABRÉGÉE.

98 On peut laisser les zéros à droite du d (91) et en effacer un après chaque division partielle au lieu de l'ajouter au reste de cette division.

99 On supprime de même des chiffres qcq, après avoir trouvé le n des chiffres du quotient. formé un diviseur abrégé d en ayant 2 de plus (^{1}). et enfin un D $>$ d et $<$ 10 d.

On regarde alors D et d comme entiers.

100 Quand on abrége le diviseur sans toucher au D , l'erreur en plus E ou Q $-$ q est $<$ q : d.

Ce principe appliqué à chaque abréviation montre que l'erreur commise par celle-ci, c-à-d. sur chaque chiffre du quotient, est $<$ 1/10.

(I) 3, si le quotient doit avoir plus de 10 chiffres.

LIVRE III.

PROPRIÉTÉS DES NOMBRES.

CHAPITRE XXI.

DIVISIBILITÉ DES NOMBRES.

101 N. *multiple* d'un autre ou *divisible* par lui. *Facteur, sous-multiple*, ou *diviseur* d'un n. N. *premier absolu.* N. *premiers entre eux.* Ex. Rem. Tout nombre premier absolu qui ne divise pas un autre n. qcq. est premier avec lui.

102 *Tout d. de plusieurs n. divise leur somme.*

103 *Tout d. de 2 n. divise leur différence.*

104 *Tout d. d'un n. divise ses multiples* (102).

105 *Tout d. d'un n. divise ses puissances* (104).

106 *Tout diviseur de 2 n. divise le reste de leur division* (104, 103).

107. *Résumé.* Tout nombre qui en divise 2 autres, divise aussi : leur somme, leur différence, leur produit et tous leurs autres multiples, leurs puissances, et enfin le reste de leur division.

108 *Tout nombre qui divise une des 2 parties d'une somme sans diviser l'autre, ne divise pas la somme, et de plus les deux restes sont égaux.*

109 *Si 2 n. divisés par un 3e donnent le même reste, leur différence est divisible par ce 3° (42,103); réciproq^t si la différence de 2 n. est divisible par un 3°, ces 2 n. divisés par le 3° donnent le même reste* (108).

CHAPITRE XXII.

CARACTÈRES DE DIVISIBILITÉ.

110 *Un nombre est divisible :*
Par 2 (ou 5) quand son dernier chiffre l'est.
— 4 (ou 25) si le n. formé des 2) *derniers*
— 8 (ou 125)   —   3) *chiff. l'est.*
111 *Un nombre est divisible par 3 (ou 9) si la*
somme S des chiffres est multiple de 3 (ou 9).

Car 1° *une unité qcq* $= m\ 3\ (ou\ m\ 9) + 1.$
2° *Un chiffre qcq* $= m\ 3\ (ou\ m\ 9) + ce\ chiffre.$
3° *Un nombre quelconque* $= m\ 3\ (ou\ m\ 9) + S.$

112 *Un nombre est divisible par 11 si la somme*
S des chiffres de rang impair diminuée de la somme
S' de ceux de rang pair donne 0 ou un m de 11.

Car 1° une unité d'ordre impair $= m\ 11 + 1.$
2°   —   —   pair $= m\ 11 - 1.$
3° un chiffre de rang impair $= m\ 11 + ce\ chiffre.$
4° un chiffre de rang pair $= m\ 11 - ce\ chiffre.$
5° un nombre quelconque $= m\ 11 + (S - S').$
Si $S < S'$, augmenter S de 11 ou d'un m. de 11.

113 *Le reste de la division d'un n. par un*
d. est le même que le reste de la division, par ce
d, de la partie du n. servant d caractère (108.)

114 Preuve par 9 ou par 11 des 4 opérations
fondamentales, et surtout des 2 dernières.

Possibilité d'employer un autre des diviseurs
ci-dessus, mais moins avantageux que 9 ou 11.

CHAPITRE XXIII.

PLUS GRAND COMMUN DIVISEUR DE DEUX NOMBRES, PUIS DE TROIS, QUATRE, ETC.

115 Rappel des principes (102 à 106) ou (107).

116 *Le p. g. c. d. de deux nombres est le même que celui du plus petit et du reste de leur division;*

Car tout diviseur commun aux 1ers l'est aux derniers (106) ; et réciproquement (104,102).

117 *Règle* pour trouver le p. g. c. d. de deux n.

Observation tirée de la remarque du chap. XXI, lorsque l'opération conduit à un diviseur per.

118 *Quand on multiplie (ou divise) deux n. par un 3e, le p. g. c. d. des résultats est celui des 2 n. donnés multiplié (ou divisé) par ce 3e (77).*

Application pour simplifier la règle 117.

119 *Quand on divise deux nombres par leur p. g. c. d., les résultats sont premiers entre eux.*

120 *Tout nombre qui en divise 2 autres divise leur p. g. c. d. (106), et réciproqt. Tout n. qui divise le p. g. c. d. de 2 autres divise aussi ces n.*

121 *Le p. g. c. d. de 3, 4, 5, 6 n. =celui du dernier et du p.g.c.d. des 2, 3, 4, 5 premiers (120).*

122 *Règle* pour trouver le p. g. c. d. de 3 n., puis de 4, 5, 6 . . . par l'application du principe précédent.

CHAPITRE XXIV.

NOMBRES PREMIERS.

123 Définitions et remarque, chap. **XXI.**

124 Un n. est premier quand il n'a pas de diviseur inférieur ou égal à sa racine carrée.

125 Table de n. premiers. Crible d'Eratosthène.

126 *Tout d. d'un produit de 2 facteurs et qui est premier avec l'un, divise l'autre* (118, 120).

127 *Tout diviseur premier d'un produit divise au moins un de ses facteurs* (126).

128 *Quand un n. est premier avec plusieurs autres, il l'est aussi avec leur produit* (127).

129 *Tout diviseur premier d'une puissance d'un nombre divise aussi ce nombre* (127).

130 *Les puissances de 2 nombres premiers entre eux sont premières entre elles* (129).

131 *Quand un n. a plusieurs d.* p^{ers} *entre eux il est divisible par leur produit* (126, 58).

Caractères de divisibilité par $6 = 2 \times 3$.

132 *Le produit de plusieurs n. premiers n'est divisible par aucun autre n. premier.* (127) ou :

133 *Un n. n'est décomposable qu'en un seul système de facteurs premiers.* Décomposition.

134 Recherche de *tous* les diviseurs d'un nombre (130, 131).

CHAPITRE XXV.

PLUS PETIT MULTIPLE COMMUN ET PLUS GRAND COMMUN DIVISEUR DE PLUSIEURS NOMBRES.

135 *Pour qu'un nombre soit divisible par un autre, il doit en renfermer tous les facteurs premiers, chacun à une puissance au moins égale à celle où il entre dans cet autre* (133).

136 *Pour qu'un n. en divise un autre, il ne peut pas renfermer d'autre facteur premier que ceux de ce n., et il faut que chaque facteur ne soit pas au d. à une puissance plus élevée qu'au D.*

137 Le *p. p. m. c.* de plusieurs nombres égale le produit de *tous leurs facteurs premiers différents* pris chacun avec son *plus haut exposant* dans ces nombres, c.-à-d. le produit des plus grandes puissances de ces *différents facteurs* (135).

138 Le *p. g. c. d* de plusieurs nombres égale le produit de *tous leurs facteurs premiers communs*, pris chacun avec son *plus faible exposant* dans ces nombres, c.-à-d. le produit des *moindres puissances de ces facteurs communs* (136).

139 *Le p. p. m. c. de* 2 *n. s'obtient en divisant leur produit par leur p. g. c. d.* (137, 138).

140 *Tout multiple commun de* 2 *nombres,* M, *est divisible par leur p. p. m. c. m.* (135, 137) et réciproqt. *Tout n. divisible par le p. p. m. c. de* 2 *nombres est divisible par chacun d'eux* (104).

Extension du n° 140 à 3 n, puis à 4, 5, 6.

141 *Le p. p. m. c. de* 3, 4, 5, 6 *n.* = *celui du dernier et du p. p. m. c. des* 2, 3, 4, 5 *premiers* (140).

142 Trouver le p. p. m. c. de 3, 4, 5, 6 n,

LIVRE IV.

FRACTIONS ORDINAIRES.

CHAPITRE XXVI.

NUMÉRATION.

143 *Fraction ordinaire ou à 2 termes.*
N fractionnaire et expression fractionnaire.
Noms et signification des termes d'une fraction.
Ecriture et lecture de ces 3 sortes de nombres.

144 Conversion d'un nombre fractionnaire en expression fractionnaire et réciproquement.

145 *Une fraction peut être considérée comme le quotient du numérateur par le dénominateur. Compléter par une fraction un quotient inexact* (68).

146 *Quand on multiplie (ou divise) le numérateur par un n. la fraction est multipliée (ou divisée) par ce nombre.*

147 *Quand on multiplie (ou divise) le dénominateur par un n. la fraction est divisée (ou multipliée) par ce nombre.*

148 *On ne change pas la valeur d'une fraction quand on multiplie ou divise ses deux termes par un même n.*

149 Simplification d'une fraction. Fraction *irréductible* (119).

Réduction d'une fraction à un autre dénominateur (mult. du premier).

150 Réduction de plusieurs fractions { 1° au même dénominateur. 2° au plus petit dénom^r. commun (137).

150 *bis* Quand on ajoute un même n. aux deux termes d'une fraction, sa valeur augmente ; au contraire si on retranche un même n. aux deux termes, la valeur diminue. C'est l'inverse pour une expression fractionnaire.

Dans les deux cas, l'addition approche le n. de l'unité ; la soustraction, au contraire, l'en éloigne.

Moyens de rendre une fraction plus grande ou plus petite, en ajoutant à un terme et retranchant à l'autre.

2.

CHAPITRE XXVII.

CALCUL DES FRACTIONS ORDINAIRES.

§ 1. *Addition*.

151 Définition, et remarque sur l'espèce des parties.

1er cas. Les fractions ont le même dénomin^r.

2e cas. —————————n'ont pas—————(150).

3e cas. Addition de nombres ou d'expressions fractionnaires.

§ 2. *Soustraction*.

151 Définition et remarque, comme au § 1.

3e cas, quand la fraction supérieure est $<$ l'inférieure.

§ 3. *Multiplication*.

152 Définition générale (88) ou généralisation de l'autre (48).

1er cas. Une fraction par un n. entier (146).

2e cas. Un nombre entier par une fraction.

3e *cas*. Une fraction par une fraction. *Fractions de fractions*.

4e cas. Multiplication des nombres fractionnaires (2 procédés).

153 Dans les 4 cas, on peut intervertir
l'ordre des facteurs.

Dans les cas 1 et 2, le produit est compris entre
les 2 facteurs.

Dans le 3° cas, le produit est $<$ chaque facteur.

154 Puissance d'une fraction, irréductible si
la fraction l'est (130).

§ 4. *Division.*

155 Rappel des 3 définitions appliquées successivement (159).

1er cas. Une fraction par un n. entier (147).

2e cas. Un nombre entier par une fraction.

3e cas. Une fraction par une fraction.

4e cas. Nombres fractionnaires (144, 161).

156 Rappel des principes sur la division.

Ici, le quotient est toujours exact (sans r.)

157 Comparaison du quotient au D dans les 4
cas.

CHAPITRE XXVIII.

OBSERVATIONS SUR LA DIVISION DES FRACTIONS.

158 Le 1er cas se résout comme les 2 suivants, en multipliant le D par *l'inverse* du d.

159 Les 3 définitions s'appliquent aux 4 cas.

La 1re suppose *d entier* ; la 2e, *D et d de même espèce* ; la 3e ne suppose *rien* : elle est générale.

160 Soit à les appliquer à 5/7 : 3/4.

1° Rendre *d* entier (81), puis appliquer le principe 147 ou 158.

2° Réduire D et d au même dénominateur puis diviser les numérateurs l'un par l'autre (¹).

3° Supposer le problème résolu, q trouvé :

alors q $\times$ 3/4 ou 3/4 q $=$ 5/7, d'où 1/4 q, puis q.

161 Quand le d est un n fractionnaire (4e cas), non-seulement il est mieux de le réduire en expression fractionnaire : c'est indispensable (²)

(¹) Quand les 2 fractions ont le même dénominateur, il suffit d'opérer sur les numérateurs (144)

Il n'y a d'exception à cette règle que pour la multiplication, où l'on a des *facteurs*, et non des *termes* comme dans les 3 autres opérations.

(²) Pour *diviser* une somme par un nombre quelconque, on peut diviser toutes ses parties par ce nombre ; mais pour diviser par une somme, on ne peut pas diviser par ses parties, puis réunir les quotients.

En effet la division du D par chaque partie du d, donne un quotient trop grand : à plus forte raison la somme de ces quotients serait-elle trop grande. Il en est de même quand le d est une différence

CHAPITRE XXIX.

CONVERSION DES FRACTIONS ORDINAIRES EN DÉCIMALES ET RÉCIPROQUEMENT.

162 Rappel du principe 145. 3/4 = 3 : 4. Evaluation du quotient en dixièmes, etc.

163 *Règle* pour convertir une fraction ordinaire en décimale.

164 *Pour qu'une fraction ordinaire irréductible puisse être convertie en une fraction décimale terminée, son dénominateur ne doit contenir que les facteurs 2 et 5 (136).*

165 *Dans ce cas, celui des 2 exposants qui est le plus élevé indique le n de chiffres décimaux.*

166 *Dans le cas contraire, on a une fraction périodique, et le n. des chiffres de la période est au plus égal au dénominateur diminué* de 1.

La fraction ordinaire est la *limite* de la fraction périodique, *variable* avec le nombre des chiffres.

167 Conversion d'une fraction décimale terminée en fraction ordinaire irréductible.

168 *Limite* ou fraction ordinaire *génératrice* d'une fraction périodique *simple*, *période* / 99...

169 Limite d'une fraction périodique *mixte*.

Remarque : Lorsque la période est *complète* (166), elle est toujours composée des mêmes chiffres, et de plus leur moyenne est 4, 5.

CHAPITRE XXX.

OBSERVATIONS SUR LES 4 OPÉRATIONS.

170 On connaît les analogies existant entre
1º l'addition, la multiplication, les puissances,
2º la soustraction, la division, les racines.
En voici d'autres entre les 4 opérations.
171 On ne change pas :
Une *somme* { en intervertissant } *termes.*
Un *produit* { l'ordre de ses } *facteurs.*
La *différence* de 2 n. en *ajoutant* à chacun un 3e,
Le *quotient* de 2 n. en les *multipliant* par un 3e.
Applications aux preuves et à la pratique.

§ 1. *Addition et soustraction.*

172 On nomme *complément arithmétique* d'un
n sa différence à l'unité immédiatement sup^{re}.
Pour l'obtenir *à vue*, on retranche de 10 le
1er chiffre significatif à droite, les autres de 9 ;
enfin on écrit à gauche du reste le chiffre 1.

173 On peut remplacer la soustraction par l'addition, en substituant à chaque nombre à retrancher son complément, mais ôtant de la somme
les unités négatives 1. (45).

§ 2. *Multiplication et division.*

174 On nomme *inverse* d'un nombre le quotient de l'unité divisée par ce nombre.

175 On peut remplacer la division par la multiplication en substituant au diviseur son inverse
pris pour multiplicateur, ou réciproquement (158).

LIVRE V.

PUISSANCES, RACINES ET RAPPORTS.

CHAPITRE XXXI.

CARRÉ ET RACINE CARRÉE DES NOMBRES ENTIERS.

176 Définitions : puissances, racine, degré. Signes : exposant, radical et indice.

177 Règles des exposants, nºˢ 60, 61, 83 et 84. Carré d'un n. Racine carrée d'un n.

178 Carrés des n $<$ 10 : 1, 4, 9, 16, 25... 81. Rac. carrées des n. $<$ 100 : 1, 2, 3, 4, 5... 9.

179 *Quand un n. entier n'est pas un carré parfait, sa racine carrée est incommensurable.*

180 Carré d'un n. de dizaines et d'unités :

$$(D + u)^2 = D^2 + 2 D u + u^2.$$
$$= D^2 + (2 D + u) u.$$

181 *La différence des carrés de 2 n. entiers consécutifs est égale à deux fois le plus petit n. + 1, ou si l'on veut, à la somme de ces deux n.*

Reconnaître si un chiffre trouvé est trop faible.

182 Racine carrée d'un n. $>$ 100 ; 1º $<$ 10.000 ; 2º $>$ 10.000.

183 *Règle* pour extraire la racine carrée d'un n. entier, fractionnaire ou décimal à moins de 1.

184 *Quand la différence de 2 nombres est 1/2, celle de leurs carrés est égale au plus petit n + 1/4.*

185 Prendre la racine carrée d'un n. qcq. à moins de 1/2, par l'examen du reste.

CHAPITRE XXXII.

CARRÉ ET RACINE CARRÉE DES FRACTIONS ORDINAIRES ET DÉCIMALES, ETC.

186 Carré d'une fraction ordinaire.

187 Racine carrée d'une fraction ordinaire.

1° Les deux termes sont carrés parfaits : racine exacte ;

2° Le dénominateur seul est un carré : racine approchée ;

3° Le dénominateur n'est pas un carré ; le rendre tel ;

4° N fractionnaire : le réduire en expression fractionnaire.

188 *Le carré d'un produit égale le produit des carrés de ses facteurs* (61). *Exposants pairs.*

189 *La racine carrée d'un produit égale le produit des racines carrées de ses facteurs.*

$$\sqrt{16 \times 25} = \sqrt{16} \times \sqrt{25}.$$

Faire passer un facteur sous le radical ou l'en faire sortir.

190 *Pour qu'un produit de facteurs premiers soit un carré, il faut que chaque facteur ait un exposant pair.*

Application à une 2ᵉ solution du 3ᵉ cas, en

décomposant le dénominateur en facteurs premiers.

191 *On obtient la racine carrée d'un produit
indiqué en divisant par 2 l'exposant de chaque
facteur.*

La racine carrée d'un n. peut s'indiquer par
l'exposant 1/2.

192 Racine carrée d'un n. quelconque à
moins d'une fraction 1/d, en le réduisant à la
forme N/d ^{2}.

193 Carré d'une fraction décimale : n des
chiffres décimaux.

194 Racine carrée d'une fraction décimale,
puis d'un n. q. c. q., à moins d'une unité puis
d'une demi-unité décimale.

195 Quand on a la moitié $+$ 1 des chiffres de
la racine, on obtient les autres en divisant le reste
par le double du n. trouvé, d'après le procédé
ordinaire ou par la division abrégée.

Le résultat est ainsi approché à moins d'une
unité de l'ordre du dernier chiffre du quotient.

196 Puissances et racines de degré égal à 2^n,
comme 4, 8, 16...

CHAPITRE XXXIII.

CUBE ET RACINE CUBIQUE DES NOMBRES ENTIERS DES FRACTIONS, ETC.

197 Définitions et exemples. Signes employés.

198 Cubes des n. $<$ 10 et racines cubiques des n. $<$ 1000.

199 *Si un n. entier n'est pas un cube exact, sa racine cubique est incommensurable* (154).

200 Cube d'une somme ou d'un n. de dizaines et d'unités.

$$(D + u)^3 = D^3 + 3 D^2 u + 3 D u^2 + u^3.$$

201 *La différence des cubes de 2 n. entiers consécutifs égale le triple carré du plus petit $+$ 3 fois ce plus petit $+$ 1.*

Reconnaître si un chiffre de la racine est trop faible.

202 Racine cubique d'un n $>$ 1.000 ;
1° $<$ 1.000.000 ; 2° $>$ 1.000.000.

203 *Règle* pour extraire la racine cubique d'un n. entier ou non à moins d'une unité.

204 Cube, puis racine cubique d'une fraction ordinaire. 4 cas, comme pour la racine carrée.

205 Cube et racine cubique d'un produit. Solution du 3° cas.

206 Racine cubique d'un n. quelconque à

moins d'une unité fractionnaire $1/d$, en le réduisant à la forme N/d ?.

207 Cube et racine cubique d'une fraction
ou d'un n. décimal.

208 Racine cubique d'un n. q. c. q., à moins
d'une unité décimale.

209 Quand on a la moitié $+ 1$ des chiffres
de la racine, on divise le reste par le triple carré
du n. trouvé, d'après le procédé ordinaire ou
par la division abrégée : on a ainsi le complément de la racine à moins d'une unité de l'ordre
du dernier chiffre du quotient.

210 Puissances et racines de degré égal à
une puissance de 3, (3^p), ou au produit d'une
puissance de 2 par une de 3, $(2^n \times 3^p)$, comme
6, 9, 12, 18, 27, etc.

CHAPITRE XXXIV.

RAPPORTS ET PROPORTIONS.

211 Rappel de la définition du *nombre*, de la 2e définition de la division (66, 67) et du principe n° 145, 3/4 $= 3 : 4$.

Analogie d'un nombre, d'un rapport et d'une fraction.

213 Noms et Propriétés des termes d'un rapport et d'une fraction (146,148).

213 Connaissant le rapport entier ou fractionnaire de 2 n. et l'un de ces deux nombres, trouver l'autre.

214 On nomme *proportion* l'égalité de deux rapports.

215 *Dans une proportion, le produit des extrêmes est toujours égal à celui des moyens.*

216 Application aux *règles de trois simples, directes ou inverses*, en prenant l'inconnue comme 1er numérateur.

217 *Réciproquement, de deux produits égaux on peut tirer deux rapports égaux ou une proportion.*

218 Application aux règles d'alliage, 2e cas, aux leviers, etc.

219 *Les inverses de deux rapports égaux, sont égaux.*

220 Autres changements de place que l'on peut faire subir aux termes d'une proportion donnée.

221 *Dans une proportion, on peut sans détruire l'égalité, ajouter ou retrancher à chaque num^r son dénom^r.*

222 *Quand on a plusieurs proportions, en les multipliant termes à termes, on forme une nouvelle proportion.*

223 *Dans une suite de rapports égaux, la somme des num^{rs} et celle des dénom^{rs} forment un rapport égal aux premiers.*

224 Application aux règles de partages proportionnels.

225 *Dans une suite de rapports inégaux, la somme des num^{rs} et celle des dénom^{rs} forment un rapport compris entre le plus grand et le plus petit des rapports donnés.*

226 Application à la démonstration du n° 150 bis.

CHAPITRE XXXV.

APPLICATION DES RAPPORTS.

227 Définition des espèces de grandeurs *proportionnelles*, c.-à-.d. *variant dans le même rapport* ou en *rapport direct*, et des espèces de grandeurs *inversement proportionnelles* ou variant en *raport inverse* l'une de l'autre.

228 Solution de quelques règles de trois composées, par proportions, d'après les n°s 216 et 222.

229 *Une fraction varie en rapport direct avec son* num^r *et en rapport inverse avec son* $dénom^r$ (146, 147).

230 Applications à la solution des règles de trois par la *méthode dite de l'unité*, en plaçant :

1º La question dans la 1re ligne, X à la fin ;

2º L'hypothèse de même dans la 2e ligne ;

3º Ramenant chaque n de l'hypothèse à 1;

4º Y substituant les n. de la question ;

5º Et faisant à mesure varier le correspondant de X.

231 Les n. de la 1re ligne étant pris pour num^{rs}, on obtient X en multipliant son correspondant ;

1º Par les rapports directs, s'il y a rapport direct ;

2° Par les rapports renversés, s'il y a rapport inverse, ou en divisant alors par les rapports indiqués.

Cas où les dénominateurs sont l'unité (P. 258).

232 Ecriture ou lecture de quelques formules d'après 229.

Règles d'intérêt, $I = \dfrac{ait}{100}$, c-à-d qu'il varie..

par suite $a = \dfrac{100\,I}{it}$, $i = \dfrac{100\,I}{at}$, $t = \dfrac{100\,I}{ai}$.

233 Grandeurs variant en rapport direct ou inverse des carrés ou des racines carrées, des cubes, etc... d'autres.

Chute des corps. $h = 1/2\, gt^2$, $v = \sqrt{2\,gh} = \sqrt{2}\,\sqrt{g}\,\sqrt{h}$.

Lois du pendule, $t = \pi \sqrt{\dfrac{l}{g}} = \pi \dfrac{\sqrt{l}}{\sqrt{g}}$,

d'où l'on peut tirer l et g.

SECONDE PARTIE.

PRATIQUE.

CHAPITRE Ier.

SYSTÈME MÉTRIQUE.

§ 1. *Mesures de l'étendue.*
Longueur, surface, volume, capacité.

1 La distance du pôle à l'équateur ayant été trouvée de 5.130.740 toises, dont on a fait 10.000.000 de mètres, on demande la valeur d'une toise en mètres à moins d'un demi-centième de millimètre.

2 Faire le tableau des valeurs de 1, 2, 3....., 9 toises avec 5 chiffres décimaux, en indiquant pour chacune la limite de l'erreur.

3 Vérifier les deux problèmes précédents en se servant du tableau obtenu pour calculer *par une seule addition* la valeur de 5.130.740 toises en mètres.

4 Prendre le plus exactement possible la valeur de la toise, 1° avec deux chiffres décimaux,

3.

2° avec trois, en indiquant pour chacune la limite et le sens de l'erreur commise.

5 Déduire des données du problème 1, la longueur du mètre en pieds, pouces et lignes, à moins d'un demi-centième de ligne, sachant que la toise valait 6 pieds, le pied 12 pouces, et le pouce 12 lignes.

6 Quelles parties le pied, le pouce et la ligne sont-ils de la toise, et quelle est, pour chacune de ces unités, la partie décimale de la toise qui est immédiatement plus petite ?

7 Callet a proposé (*Table de logarithmes, introduction, p.* 100), de prendre pour unité de longueur la dix-millionième partie de l'*axe* de la terre. En supposant celle-ci parfaitement sphérique et prenant pour *rapport* de la circonférence au diamètre le nombre 3, 1416, calculer cette longueur en toises, pieds, pouces et lignes.

« On n'arrive à la connaissance de l'axe que par celle du méridien, et en adoptant cette unité, on perdait le précieux avantage de *pouvoir* exprimer les degrés du méridien par un multiple de 10 de l'unité linéaire » (*MM. Delezenne et Testelin, Lille,* 1807).

8 Connaissant la valeur d'une toise à moins d'un demi-centième de millimètre, en déduire les valeurs du pied et du pouce, en indiquant pour chacune de ces unités le degré d'approximation.

9 Réduire, à l'aide des résultats du problème 8, la taille *minimum* d'un soldat, 1ᵐ,56, en pieds et pouces.

10 Le *Yard* (*Unité de longueur en Angleterre*), valant 0ᵐ,91438348 et se divisant en 3 pieds, et le pied en 12 pouces, on demande de prendre la valeur du yard à moins d'un demi-dixième de millimètre, et d'en déduire les valeurs du pied (*Foot*), et du pouce anglais (*Inch*), en indiquant pour chacune la limite de l'erreur.

11 Trouver à moins de 1/2 Hm, à l'aide du *rapport* 3, 1416 de la circonférence au diamètre, le rayon de la terre supposée parfaitement sphérique.

12 Tout corps en tombant dans le *vide* parcourt 4ᵐ,9045 pendant la première seconde de chute. Réduire cette hauteur, 1º en pieds français, 2º en pieds anglais, chacun à moins d'une demi-unité (8 et 10).

Ce nombre est la moitié de celui qu'on désigne en mécanique par g, initiale du mot *gravité*, et qu'on nomme ordinairement *accélération* de la pesanteur par seconde.

13 La distance du pôle à l'équateur étant de 90 degrés, on demande de calculer la valeur *moyenne* d'un degré de *latitude* en toises, et d'indiquer la limite de l'erreur commise en s'arrêtant

aux mille, c'est-à-dire en remplaçant les trois derniers chiffres par des zéros.

M. Focillon donne, pour le degré mesuré en Laponie, environ 200 toises de plus, et pour le degré mesuré à l'équateur, à peu près 200 toises de moins, résultats que l'on peut indiquer par l'expression $N \pm 200$, N désignant la valeur du degré moyen.

14 L'aune ancienne valait $1^m,18845$, réduire cette valeur en pieds, pouces et lignes.

De 1812 à 1840 la valeur de *l'aune de France* fut fixée à $1^m,20$. L'aune de Lille ou *du pays*, valait $0^m,6984$.

15 Borda a trouvé que la longueur du *pendule simple* qui bat la seconde à Paris est de 440 lignes, 5593 : exprimer cette longueur en millimètres.

On a proposé de prende cette longueur pour base du système métrique, mais elle varie avec la latitude (220).

16 Calculer à moins d'un demi-mètre les valeurs : 1° D'une lieue commune de 25 au degré, 2° d'une lieue marine de 20 au degré.

17 Calculer les mêmes valeurs à moins d'une demi-toise.

18 Le degré se divisant en 60 minutes, on demande la longueur du mille marin à moins d'un demi-mètre, et celle du *nœud* à moins d'un décimètre près par excès, sachant que le mille

équivaut à l'arc d'une minute du méridien, et que le nœud vaut 1/120 du mille ou 1/2 seconde.

Remarquez que la lieue marine vaut 3 milles marins.

19 Pour mesurer la vitesse d'un navire, on jette à la mer une planche nommée *loch* à laquelle est fixée une corde divisée par des *nœuds*, espacés de 1/120 de mille, et on compte le nombre de nœuds *filés* pendant une demi-minute (*c'est le temps que met* L'AMPOULLETTE *ou le sablier à se vider*). Prouver que le nombre de nœuds ainsi observé représente autant de milles à l'heure.

20 La Compagnie générale transatlantique espère opérer régulièrement des traversées de New-York à Brest en neuf jours par ses navires à vapeur : quelle doit être la vitesse moyenne en nœuds, la distance des deux villes étant de 1.000 lieues marines ?

21 La Compagnie s'est engagée auprès du Gouvernement français à réaliser, dans ses traversées, des vitesses moyennes de 10 1/2 nœuds. Combien de jours au plus doivent employer ses navires pour aller de New-York à Brest ?

22 Un décret de 1812 permettait l'usage d'une toise valant exactement 2 mètres et divisée en 6 pieds de 12 pouces. Quelles étaient les limites des erreurs commises sur le pied et sur le pouce, en supposant la toise de 1^m,949 exactement.

Ces mesures *transitoires* ont été autorisées de 1812 à 1840.

23 L'arpent des eaux et forêts était la surface d'un carré ayant pour côté 10 perches de 22 pieds chacune, et l'arpent de Paris, celle d'un carré ayant pour côté 10 perches de 18 pieds : calculer à moins d'un dixième près par excès combien l'H a, vaut d'arpents de chaque espèce.

24 *L'acre*, mesure anglaise de surface, vaut 4.840 yards carrés : calculer sa valeur, et en déduire celle de l'hectare en acres à moins d'un demi-dixième.

25 Le *gallon*, unité anglaise des mesures de capacité, contient 10 livres d'eau distillée, et se divise en 8 *pints*. La livre valant 453 g, 592 645, on demande la valeur du gallon à moins d'un demi-centilitre, et celle de la pinte anglaise (*pint*).

26 D'après un principe de physique découvert par Archimède, *tout corps plongé dans un liquide perd une partie de son poids égale au poids du liquide qu'il déplace.* Cela posé, on pèse en la tenant plongée dans l'eau pure à 4° une pièce de 5 francs en argent, qui pèse dans l'air 25 grammes, et l'on trouve qu'elle ne pèse que 22 grammes 53 : quel est le volume de cette pièce ?

27 Un bateau à fond plat et à parois verticales a 35ᵐ,4 de longueur moyenne et 4ᵐ,8 de largeur à

l'extérieur, et peut porter 200 tonneaux. Sachant qu'il s'enfonce vide de $0^m,15$, on demande quel est, à charge, son *tirant d'eau* ou la quantité dont il *cale (s'enfonce)*.

28 Un autre bateau de même forme a $33,^m50$ de long, $4^m,85$ de large, $0^m,18$ de tirant d'eau, vide, et $1^m,65$, chargé : quel est son tonnage ?

Les écluses ordinaires ont environ 45 m. de long, sur $5^m,20$ de large. Sur les principaux canaux du Nord les plus grands bateaux ont 37 m. de long, 5 m. de large et portent près de 300 tonneaux. Le tirant d'eau est $1^m,80$.

§ 2. *Poids et monnaies.*

On démontre en mécanique que *pour que deux forces parallèles, comme les poids de deux corps, par exemple, soient en équilibre, il faut qu'en multipliant chaque force par la longueur du bras de levier à l'extrémité duquel elle agit, on ait deux produits égaux.*

C'est sur ce principe que repose l'usage des trois genres de leviers : des balances, de la romaine, des bascules, qui sont *des leviers du premier genre ;* de la brouette, qui est du *second genre;* de la soupape de sûreté, qui est du *troisième genre.*

Ces trois genres se distinguent par la position relative du *point d'appui* A, et des points d'application de la *puissance* P, et de la *résistance* R, et peuvent être désignés ainsi :

1° PAR, 2° PRA, 3° RPA.

Enfin, dans chacun, la longueur de chaque bras se compte à partir du point d'appui.

29 Dans une romaine dont le petit bras à 0^m,056 et dont le poids *curseur* pèse 4 kilog. 2, on demande à quelle distance celui-ci devrait se trouver du point d'appui pour équilibrer, abstraction faite du poids de la tige, un poids de 35 kilog. 3, et quel poids est équilibré lorsque le curseur est à 0^m,392 du point d'appui.

30 Dans une bascule *au dixième*, l'équilibre est établi par 1/2 kilog., 2 hectog., 1/2 hectog., 2 décag., 1 décag., 1 décag., placés sur le petit plateau : quel est le poids du corps placé sur le tablier ?

Dans une pesée inverse, 4 kilog. 75 placés sur le tablier, équilibrent un corps placé sur le plateau : quel est le poids de ce corps ?

31 Un ouvrier peut soulever aisément 45 kilog. avec les mains : quel poids peut-il soulever en faisant le même effort, en supposant ce poids placé sur une brouette, au quart de la longueur des bras, à partir du boulon?

32 Pour jauger une futaille, on l'a placée vide sur le tablier d'une bascule *au vingtième*, et on l'a équilibrée à l'aide d'un vase placé sur le pla-

teau et d'une tare convenable, puis on a empli la
futaille de vin et l'on a rétabli l'équilibre en ver-
sant 11 lit. 4 d.l. du même vin dans le vase : quelle
est la contenance du tonneau?

MM. Garnier et Gaubert de Dijon ont obtenu
une médaille d'argent à Beaune en novembre 1865
pour cette application de la bascule.

33 Un décret de 1812 appliquait le nom de
livre au demi-kilog. Combien faudrait-il aujour-
d'hui de poids pour représenter respectivement
cette livre et ses subdivisions de deux en deux,
sous les noms de demi-livre, quart, demi-quart,
once et demi-once?

Cette décision a subsisté jusqu'en 1840.

La livre ancienne valait 489 gr. 51.

34 M. Péligot, chef du laboratoire des essais à
la monnaie de Paris, a reconnu qu'en ajoutant
77 gr. *de zinc* par kilog. à la monnaie d'argent
au titre 0, 9, on obtient un alliage préférable à
celui de ces monnaies. Quelle serait, en millièmes,
la composition de ce nouvel alliage? (*L. Figuier,
An. scientif.* 1864).

35 Le *titre* d'un alliage est le *rapport* du poids
du métal *fin (or ou argent)* qu'il contient, au
poids total de l'alliage. Les anciennes pièces
étant au titre 0, 9 (*pièces de 5 fr., 2 fr., 1 fr.*), et
les nouvelles au titre 0,835 (*pièces de 0 f.50 cent. et*

de 0 *f*. 20 *cent*.), on demande le poids de l'argent contenu dans chacune de ces pièces.

36 La pièce de 5 fr. en argent pesant 25 gr. et la même pièce, en or, 1 gr. 6 129, quel est le rapport des poids de l'argent et de l'or purs à valeur égale ?

Dans les questions de ce genre, on ne tient pas compte de la valeur du cuivre.

37 Trouver le rapport de la valeur de l'or et de l'argent purs à poids égal.

Le titre étant le même pour les deux espèces de monnaie, ce rapport est aussi celui des mêmes espèces monnayées.

38 La pièce de 0 f. 20 c. en argent et celle de 0 f. 01 c. en bronze, pesant chacune 1 gr., quels sont : 1° Le rapport des valeurs d'argent monnayé et de bronze à poids égal ; 2° le rapport des poids d'argent monnayé et de bronze à valeur égale ?

39 Déduire du rapport trouvé N° 36 le poids des pièces d'or de 100 fr., 50 fr., 20 fr., 10 fr.

40 Calculer à l'aide des réponses aux N°s 37 et 38 la valeur de 1 gr. d'or monnayé, et par suite le rapport des valeurs de l'or monnayé et du bronze à poids égal.

41 En Angleterre, le *souverain* nouveau (*depuis* 1818), contient 7 gr. 3 185 d'or et pèse 7 gr. 981 : quel en est le titre?

42 Le nouveau *shilling* anglais est une pièce d'argent au titre 0,925 et contenant 5 g. 226 d'argent pur : quel est son poids total?

43 Aux États-Unis, le *dollar* en or pèse 1 gr. 571, le dollar en argent 26 gr. 729, et tous deux sont au titre 0, 9. On demande quel est, à poids égal, le rapport des valeurs de l'or et de l'argent? (*Voir* 37. *Note*).

44 Même question pour l'Angleterre, où le souverain vaut 20 shillings (41 et 42).

45 Combien a-t-on dû ajouter de cuivre ou de zinc à un million de francs provenant des anciennes pièces de 0 f. 50 c. et de 0 f. 20 c. supposées *droites* (*c'est-à-dire exactes*) de poids et de titre, pour amener l'alliage au titre 0,835 ? Combien aurait-on dû retrancher d'argent pur?

Raisonner sur la quantité fixe.

46 En 1864 et 1865, l'émission des nouvelles pièces de 0 f. 50 c. et de 0 f. 20 c. a atteint 14.480.000 fr. Quel est, d'après la supposition précédente, le poids des anciennes pièces qu'on aurait dû retirer de la circulation pour obtenir l'argent nécessaire, si elles avaient seules servi à cette fabrication, et quelle somme représenteraient-elles?

47 Une somme pesant 1 kilog. 700 gr. 806 se compose des trois-quarts de sa valeur en or; le reste est en argent. Quelle est cette somme?

48 Une somme de 43 fr. 67 renferme le tiers

de son poids en argent et le reste en bronze : quel est son poids total, et pour quelle valeur chaque monnaie y entre-t-elle?

49 Une somme de 130 fr. en monnaie d'argent et de bronze pèse 1.039 gr. 5 : pour quelle valeur chaque monnaie y entre-t-elle?

50 Une somme de 471 fr. est composée des 5/6 de son poids en or et de 1/6 en argent. Quels sont : 1° Son poids total, 2° sa composition en valeur?

51 On a une somme composée de 1/5 de sa valeur en bronze et des 4/5 en argent, et pesant 498 gr.; quelle est sa valeur?

52 On a une somme de 509 fr. 90 composée d'or et d'argent, et pesant 280 gr. 952; pour quelle valeur y entre chaque monnaie?

53 Combien faut-il ajouter d'argent pur à un objet pesant 98 gr. 47, au deuxième titre (0,800), pour le porter au 1er (0,950)?

54 On a fondu un objet d'or pesant 14 gr. 378 au premier titre (0,920), avec un autre pesant 20 gr. 087 au second (0,840); quel est le titre de l'alliage?

55 Combien faut-il fondre ensemble d'or au premier et au troisième titre (0,750), pour obtenir 485 gr. 437 au second?

56 La valeur des monnaies étrangères *au pair* s'obtient en les comparant aux monnaies fran-

çaises, sous le rapport de la quantité de métal pur qu'elles contiennent. Cela posé, calculer la valeur au pair du souverain d'or anglais pesant 7 gr. 981 au titre 0,917.

57 Même question pour le shilling pesant 5 gr. 65 au titre 0,925.

On verra qu'en France le shilling ne vaut pas le 1/20 du souverain, ce qui tient surtout à la différence des rapports trouvés Nos 37 et 44.

58 Même question pour le dollar en or et celui en argent des États-Unis (43).

La différence des deux valeurs trouvées s'explique, comme au No 57, par la différence des rapports Nos 37 et 43.

59 Le tarif du 1er octobre 1849 a fixé à 1 fr. 50 la retenue à exercer dans les changes des hôtels des monnaies par kilog. d'argent au titre de 0, 9. Calculer les valeurs : 1º D'un kilog. d'argent au titre 0, 9 ; 2º d'un kilog. d'argent pur ; 3º d'un kilog. d'argenterie au deuxième titre (0,800), réduit par le tarif à 0,797.

60 Le tarif du 1er avril 1854 a fixé à 6 fr. 70 la retenue à exercer par kilog. d'or à 0, 9. Calculer les valeurs d'un kilog. d'or : 1º à 0,9; 2º pur; 3º au troisième titre réduit à 0,747.

61 Les espèces de tous les pays ne sont reçues qu'au poids dans les changes des hôtels des monnaies. Calculer d'après les données précédentes

les valeurs : 1º D'un kilog. de monnaie d'or anglaise que le tarif cote à 0,916 ; 2º d'un kilog. de monnaie d'argent *ou d'argenterie* anglaise cotée à 0,923.

§ 3. *Mesures diverses.*

TEMPÉRATURES, TEMPS, CIRCONFÉRENCE.

62 Les températures de la glace fondante et de la vapeur d'eau bouillante (*sous la pression* 0ᵐ,76), sont représentées par 0 et 100º dans le thermomètre centigrade ou de Celsius, par 0 et 80º dans celui de Réaumur, et par 32º et 212º dans celui de Fahrenheit. Calculer la valeur d'un degré de chaque espèce en degrés des deux autres.

63 Exprimer en degrés Fahrenheit et Réaumur, 1º la température du maximum de densité de l'eau ($+$ 4º C.), 2º celle de la congélation du mercure ($-$ 40º C.).

Le deuxième résultat offre une particularité curieuse.

64 Réduire en degrés centigrades et Réaumur le 0 du thermomètre Fahrenheit, et chercher quelle est la température exprimée par le même nombre de degrés de même signe Fahrenheit et Réaumur.

65 Sachant que les *tropiques* sont à 23º 1/2 de l'équateur, et les *cercles polaires* à 66º 1/2,

réduire ces latitudes en *grades*. Question inverse pour Paris dont la latitude en grades est 54 grades, 26.

66 On sait que la terre tourne sur elle-même en 24 heures de l'ouest à l'est devant le soleil. On demande combien il passe devant le soleil de degrés en une heure, de minutes d'arc en une minute de temps, et enfin de secondes d'arc en une seconde de temps.

67 Calculer, d'après le numéro précédent, en combien de temps un degré, une minute, une seconde de cercle passent respectivement devant le soleil.

68 Chercher comme ci-dessus (66 et 67), combien il passe de grades devant le soleil en une heure, une minute, une seconde, et en combien de temps y passe un grade.

69 Sachant que Strasbourg est à 5° 24′ 54″ de longitude est (de Paris), et Brest à 6° 49′ 62″ de longitude ouest, on demande la différence d'heure de chacune de ces villes avec Paris, et leur différence entre elles.

70 L'heure belge (*de Bruxelles*) étant de 8 minutes en avance sur l'heure française (*de Paris*), on demande la *longitude* de Bruxelles ; et Greenwich (*observatoire de Londres*), étant à 2° 20′ de longitude ouest, on demande quelle est la différence des heures anglaise et française ?

71 Quelle heure est-il à Paris quant il est midi à New-York, et quelle heure à New-York quand il est midi à Paris, sachant que New-York est à 76° 18′ de longitude ouest de Paris?

La fréquence des questions analogues à celles-ci dans la marine pour l'expression alternative des longitudes en temps et en degrés, et la division sexagésimale de l'heure, expliquent le maintien de cette division du cercle, qui simplifie beaucoup les calculs.

72 Les villes suivantes étant à peu près sur le méridien de Paris (*toutes ont moins de 1° de long. E. ou O.*), on demande leurs distances de Paris, en admettant que les degrés de latitude sont égaux entre eux (13), et prenant les latitudes de ces villes, chacune à moins d'une demi-minute, savoir : Lille, 50° 39′; Douai, 50° 22′; Arras, 50° 18′; Amiens, 49° 54′; Paris, 48° 50′; Alger, 36° 47′.

73 Les distances de Dunkerque et de Perpignan (*ou mieux des extrémités N. et S. de la France*), à Bourges étant respectivement 100 et 120 lieues, on demande l'étendue de la France en degrés de latitude et les latitudes extrêmes, sachant que celle de Bourges est 47° 5′.

La plus grande étendue de la France en longitude étant de plus de 12° (69), n'est que d'environ 200 lieues.

74 Même question pour l'Afrique dont la plus grande longueur du N. au S. (*du cap Bon au cap de Bonne-Espérance*) est environ 800 M. m. dont 420 au N. de l'équateur, et question inverse pour l'Europe dont les points extrêmes (*les caps Nord et Matapan*) ont pour latitudes respectives 72° et 36° environ.

75 Exprimer les latitudes extrêmes de l'Europe et de l'Afrique en grades.

Remarquez que les points extrêmes sont presque sur le même méridien.

76 Un vaisseau allant de Nice à Bone (*Algérie*), situées à peu près sur le même méridien, est parti à quatre heures du soir et arrivé le surlendemain à onze heures du matin : quelle a été sa vitesse en nœuds (18 et 19), les lat. des deux villes étant 43° 42′ et 36° 52′?

77 Un autre navire parti de New-York le 10 à trois heures du soir est arrivé à Brest le 21 à six heures du matin : quelle a été sa vitesse en nœuds, l'heure de Brest ou de Paris, avançant d'environ cinq heures sur celle de New-York (71), et la distance de ces deux villes étant de 1.000 lieues marines?

78 Dans le tracé d'un chemin de fer, on raccorde les parties droites par des arcs de cercle, dont le rayon, en France et en Angleterre, ne descend pas ordinairement au-dessous

de 500 m. En réalité, on a une ligne brisée, mais qui se confond sensiblement avec l'arc théorique. Cela posé, calculer l'angle auquel correspond la longueur d'un rail, qui est de 6 m, c'est-à-dire l'arc sous-tendu par ce rail.

79 Quelle doit être la longueur du rayon pour qu'un rail de 6 m. sous-tende un arc d'un degré ?

Aux abords des gares françaises et anglaises et sur les chemins de fer allemands, où la vitesse est généralement moindre, on est descendu jusqu'à cette limite, et quelquefois même au-dessous.

80 Le rail intérieur d'une voie en arc de cercle de 23° 48' a 400 m. de rayon ; l'écartement des rails étant 1ᵐ,50 d'axe en axe sur les chemins français, belges, suisses, etc., on demande la différence de longueur des deux rails de cette voie?

Cette différence, jointe à la solidarité des roues avec l'essieu, obligerait les roues à glisser plus ou moins, l'une en avant, l'autre en arrière, si les roues étaient parfaitement cylindriques. Pour remédier à cet inconvénient, on les fait légèrement coniques, et plus grandes près du rebord intérieur : par ce moyen, en vertu de la *force centrifuge* développée par la vitesse du train, et grâce au petit intervalle laissé entre le rebord et le rail, les deux circonférences de roulement sont inégales, et tendent à faire tourner le wagon dans le sens convenable. Enfin, pour s'opposer plus fortement encore au déraillement, on incline la voie *transversalement* vers le centre du cercle, en donnant au rail extérieur un *surhaussement* proportionné à la courbure.

CHAPITRE II.

RAPPORTS DIVERS.

§ 1. *Pentes.*

On nomme *rapport* de deux grandeurs de même espèce, le *nombre abstrait* qui indique *combien de fois* la première contient la seconde, ou quelle partie la première est de la seconde.

De même on nomme *rapport* de deux nombres de même espèce le *quotient abstrait* de la division du premier par le second.

On nomme *pente* d'une ligne inclinée le rapport de la différence de hauteur de deux points de cette ligne à la distance *horizontale* qui les sépare. La pente d'un plan incliné est celle de *sa ligne de plus grande pente.*

Le long des chemins de fer, les pentes sont indiquées en millièmes sur des plaques en bois ou en fonte, en même temps que la longueur sur laquelle existe chacune d'elles (*Guillemin*).

Les chemins de fer peuvent se diviser, au point de vue de leur tracé, en chemins à pentes faibles, à pentes moyennes, à fortes pentes, selon que l'inclinaison est < 8, comprise entre 8 et 10, ou $>$ 10 millièmes (*M. Perdonnet*).

81 Sachant que l'écluse du fort de Scarpe est à 3 kilom. 242 *en aval* de celle de Douai, et celle de Lambres à 1 kilom. 778 *en amont*, et que la hauteur moyenne de chute d'une écluse est $2^m,60$, on demande quelle serait la pente d'un chemin situé au niveau supérieur (*ou à une même hauteur au-dessus du niveau*) des écluses de Lambres et du fort, les premières en partant de Douai?

82 « Au sortir d'Étampes, le chemin de fer de Paris à Orléans monte sur le plateau de la Beauce par une rampe de 6.300 m. de longueur, et s'élève de 50 m. au-dessus du point de départ (*Am. Guillemin*). Quelle est la pente?

» Indépendamment de l'inclinaison, ce tronçon de ligne offre aussi une courbure assez prononcée, sur un des remblais les plus considérables du chemin d'Orléans. »

83 Un chemin de fer passant au niveau d'une route, on préfère à l'emploi d'une barrière celui

d'un *viaduc*. La route se trouve ainsi exhaussée de 6 mèt., et on fait commencer la rampe du remblai à 125 m. du point le plus élevé ; on trouve que la pente est trop forte, et l'on veut la réduire à 0,025 : de combien faut-il reculer l'origine de la rampe ?

84 Un chemin de fer passe à 2^m,75 plus bas qu'une route ; en commençant le *déblai* pour l'établissement d'une barrière ou le *remblai* nécessaire à un viaduc à 185 m., quelles seraient les deux pentes, le viaduc étant supposé passer à 5 m. 80 au-dessus du chemin de fer ?

85 Un chemin de fer établi en déblai se trouve 4^m,80 plus bas que le sol de la plaine qu'il traverse, il a 8 m. de largeur au fond et la pente des talus est de 1,20 : quelle est la largeur totale de la tranchée au niveau de la plaine ?

La pente des talus varie avec les terrains.

§ 2. *Échelles,*
Géographie et Cosmographie.

On nomme *échelle* d'une carte ou d'un plan le rapport d'une certaine longueur mesurée sur le dessin à la longueur réelle qu'elle représente : c'est ce que, en géométrie, on appelle *rapport de similitude.*

Le nom d'*échelle* désigne aussi une ligne d'une longueur déterminée avant la construction du dessin, d'après les dimensions du papier et celles

4.

de l'objet (86), et représentant une certaine unité
de longueur ou itinéraire, avec ses divisions. Les
noms de celles-ci étant indiqués à côté des longueurs qui les représentent, toutes les réductions
pour le tracé ou la lecture du dessin se font
sans calcul, par des mesures prises sur l'échelle.

86 On veut représenter l'*élévation* d'un wa-
gon-frein ayant 6 m. de long. et 4 m. de haut, sur
1/4 de feuille grand-aigle. La feuille entière
ayant $0^m,975$ de longueur et $0^m,665$ de large, on
demande par quelle longueur le mètre y sera
représenté pour laisser environ $0^m,04$ de blanc
tout autour de la figure ?

87 Dans la carte du Nord de MM. Grimon et
Prestat, la distance du Cateau à Cambrai, par la
route, est de $0^m,29$ mesurée sur la carte. La distance réelle étant de 23 kilom. ¾, on demande
à quelle échelle cette carte est dressée, et par
quelle longueur le myriam. y est représenté.

On verra que l'échelle tracée est trop grande
de 5 millim. par myriam. ou de $\frac{0^m005}{0^m125} = 1/25$;
mais c'est une faute lithographique facile à corri-
ger, et qui n'altère en rien l'exactitude de la
carte.

88 La distance de Douai à Lille étant de 33
kilom. par le chemin de fer, on demande par
quelle longueur elle est représentée sur la carte

du Nord; et la longueur du canal de Condé à
Mons étant représentée par 0ᵐ,30, on demande
quelle est sa longueur réelle.

89 La distance de Paris à Lille par le chemin
de fer étant de 274 kilom., par quelle longueur
est-elle représentée sur la carte de France de
l'état-major dressée à l'échelle de 1/80000 ?

Cette échelle étant la même que la précédente,
la carte du Nord peut être regardée comme un
spécimen de la célèbre carte de l'état-major.

90 On a un globe terrestre dont le méridien
mesure 1 m. On demande : 1° de prouver que le
diamètre de ce globe est un pied, à moins de
0ᵐ,01, sachant que l'on prend pour *rapport* de la
circonférence au diamètre le nombre 3, 1416;
2° à quelle échelle la surface de la terre y est
représentée.

91 Le mont Blanc, le plus élevé de l'Europe,
a 4.815 m. de hauteur au-dessus du niveau de
la mer, et le mont Everest ou Gaourichnaka, le
plus élevé de la chaîne de l'Himalaya et de tout
le globe, 8.840 m. Par quelle hauteur chacun
d'eux devrait-il être représenté sur le globe ci-
dessus ?

92 On sait que la terre n'est pas parfaitement
sphérique, mais aplatie aux pôles et renflée à
l'équateur par suite de la force centrifuge résultant de son mouvement de rotation sur son axe,

En désignant par A le rayon équatorial et par B le rayon polaire, on a pour chacun, $A = 6.376.821$ m., $B = 6.355.565$; et l'on nomme *aplatissement*, le rapport $\dfrac{A - B}{A}$. Calculer cet aplatissement en fraction aliquote, c'est-à-dire en fraction ordinaire ayant pour numérateur 1.

93 Prendre les rayons ci-dessus, chacun à moins d'un demi-hectom., puis les comparer au rayon moyen (N° 11), et enfin exprimer à l'aide de ce dernier et de la différence commune la valeur des deux autres par une seule formule (N° 13, note).

94 Si l'on représente l'axe de la terre par le résultat trouvé (N° 90), par quelle longueur devrait-être représenté le diamètre équatorial, et quelle serait la différence des deux diamètres ?

95 La terre dans son mouvement annuel de translation autour du soleil décrit une *ellipse* dont le soleil occupe un *foyer*, et dont l'*excentricité* est donnée approximativement par la formule $e = \dfrac{d - d'}{d + d'}$, dans laquelle $d = 32' 36''$, et $d' = 31' 31''$, d et d' étant les diamètres *apparents* du soleil quand il est au *périgée* et à l'*apogée* (ou mieux quand la terre est au *périhélie* et à l'*aphélie*), c'est-à-dire vers le 1er janvier et le 1er juillet. Calculer e.

96 Sachant que l'excentricité e, qui est le rapport $\frac{a - b}{a}$ quand a désigne le demi grand axe et b le demi petit axe de l'*ellipse*, égale 0,0167 pour l'*orbite* terrestre, et que $a = 24.000$ rayons terrestres, on demande la valeur de b en rayons terrestres r.

Le demi grand axe est la distance moyenne.

97 Même question pour l'orbite elliptique que décrit la lune autour de la terre, sachant qu'ici $a, = 60 \, r$, et $e = 0,055$. Calculer en outre le rapport des distances moyennes du soleil et de la lune à la terre.

98 Les distances de la terre au soleil à l'*aphélie* et au *périhélie* (ou du soleil à la terre à l'*apogée* et au *périgée*) sont 24.000 et 23.600 r environ (*M. Focillon*). Les exprimer comme ci-dessus (93), par une seule formule.

99 En supposant que l'on représente le grand axe de l'orbite terrestre par 1 m., calculer quel serait le petit axe (96), et ensuite les dimensions à donner à l'ellipse représentant l'orbite lunaire (97).

100 Les nombres suivants: $4, 4 + 3, 4 + 3.2,$ $4 + 3.2^2, 4 + 3.2^3$... expriment assez bien les distances *relatives* des planètes au soleil, en supposant toutes les petites planètes représentées

par une seule. Les calculer jusqu'au neuvième, qui doit être diminué de 88 unités.

Cette formule porte le nom de *Loi de Bode*.

101 En divisant par 10 chacun des nombres précédents, on a les *rapports* des distances moyennes à celle de la terre. En déduire : 1° le grand axe des orbites des planètes *inférieures* ou *intérieures* à l'orbite terrestre (*Mercure et Vénus*) et de *Mars*, dans la supposition du N° 99, 2° les distances en rayons terrestres des quatre grosses planètes (*les quatre dernières : Jupiter, Saturne, Uranus et Neptune*) au soleil.

Les 84 petites planètes connues séparent en quelque sorte les 4 moyennes des 4 grosses, entre lesquelles il existe une différence bien tranchée (M. Faye).

§ 3. *Statistique.*

102 Aux termes d'une loi votée chaque année par le Corps législatif, la répartition du contingent entre les départements et la sous-répartition par canton sont faites proportionnellement au nombre de jeunes gens inscrits sur les listes de tirage de la classe appelée. La classe de 1864 comptait 321.947 inscrits, et a fourni 100.000 hommes. On demande le rapport du contingent au nombre des inscrits, pour 100 de ceux-ci.

103 Dans la classe de 1864, la Seine comptait

12.349 inscrits. Combien a-t-elle fourni d'hommes; et combien le Nord, qui a fourni 3.452 hommes, en avait-il d'inscrits ?

Ces deux départements sont les seuls dont le nombre des insrits dépasse 10.000.

104 La population des 89 départements, d'après le recensement quinquennal de 1861, était de 37.382.225 hab., celle de la Seine 1.953.660 et celle du Nord 1.303.380. On demande de combien la population de chacun de ces départements (*les seuls supérieurs à un million*), surpasse la *moyenne* par département.

105 Le nombre des communes de la France étant de 37.510, on demande quelle erreur on commet, 1° par commune, 2° pour toute la France, en prenant 1.000 habitants pour moyenne par commune.

106 L'étendue de la France étant de 54.305.141 hectares et sa population 37.382.225 habitants. On demande 1° l'étendue et la population par département *moyen*, 2° la population *spécifique* ou par Kmq., 3° l'étendue par habitant.

107 La superficie du Nord étant 568.087 H. a., celle de la Seine 47.550, celle du Rhône 279.039 et sa population 662.493 habitants, chercher la population spécifique de chacun de ces départements et leur rapport à la moyenne (104 et 106).

Ces trois départements sont les seuls dont le rapport cherché surpasse 3.

108 Même question pour l'étendue par habitant, et rapports en fractions *aliquotes*, c'est-à-dire ayant pour numérateur l'unité.

§ 4. *Densités.*

On nomme ordinairement *densité*, ou mieux *poids spécifique* d'un corps solide ou liquide, le rapport du poids d'un certain volume de ce corps au poids du même volume d'eau.

La densité des gaz s'exprime relativement à l'air.

109 Sachant que la densié du mercure est 13,596, on demande de la prendre à moins d'un demi-centième, et d'en déduire les poids du décimètre cube en kilog. et du centim. cube en g., et les volumes du kilog. en décim. cube et du g. en centim. cube

Ces résultats montrent que la densité exprime le poids en kilog. du décim. cube, ou le poids en g. du centim. cube, etc. Donc en représentant le volume d'un corps par V, sa densité par D, son poids par P, on aura :

$$P = D.\,V, \text{ d'où } V = \frac{P}{D}, \text{ et } D = \frac{P}{V}$$

en ayant soin de prendre les unités correspondantes de volume et de poids.

110 Le poids du litre d'air étant 1 g. 293, on

prend pour ce poids 1 g. 3. On demande de déterminer la limite de l'erreur commise, et de
déduire de cette seconde valeur les poids du litre
et les volumes occupés par un gramme d'oxygène,
d'hydrogène, d'azote, et d'acide carbonique, dont
les densités respectives sont : 1,106; 0,07; 0,97
et 1,53.

111 Pour obtenir la densité du pétrole, on a
pesé successivement un même vase : 1° vide,
2° plein de cette huile, 3° plein d'eau, et on a
trouvé les poids respectifs 378 g., 4 kilog. 910
et 6 kilog. 043 : Quelle est la densité de cette
huile ?

112 D'après une instruction publiée par ordre
de M. le Préfet de police, le pétrole, pour que
son usage présente moins de dangers, doit avoir
une densité au moins égale à 0,8. Cela posé,
quel doit être au moins le poids total d'un vase
contenant 3 litres 1/2 de cette huile et pesant
247 g. vide, et quel doit être au plus le volume
occupé par 1 kilog. de cette même huile.

On reconnaît expérimentalement que cette
huile est suffisamment épurée lorsqu'elle n'émet
pas de vapeurs inflammables à la température
ordinaire, c'est-à-dire lorsqu'elle ne prend pas feu
en approchant une allumette enflammée d'une
soucoupe qui en contient.

113 Déduire des données du problème 26 la

densité de l'alliage des monnaies d'argent, et calculer celle des monnaies d'or, sachant que la densité de l'or fondu est 19,26 et celle du cuivre fondu 8,85.

En appliquant le deuxième procédé à la recherche de la densité des monnaies d'argent, celle de l'argent fondu étant 10,47, on trouve un résultat un peu différent du premier. Il arrive très souvent qu'il y a changement de volume par la réunion des deux métaux : aussi on ne trouvera ici que ce seul problème sur cette matière. On doit faire la même remarque pour certains mélanges : ainsi la contraction du mélange d'alcool et d'eau varie suivant le rapport des volumes employés, et est *maximum* pour 53,7 d'alcool et 49,8 d'eau, qui donnent 100 de mélange (M. Payen).

CHAPITRE III.

PROPRIÉTÉS DES NOMBRES.

§ 1er. *Divisibilité.*

114 A quelle condition doivent satisfaire les nombres de dents de deux roues dentées inégales engrenant ensemble, pour que la petite fasse un nombre entier et exact de tours pour 1 tour de la grande ? Exprimer la relation qui existe entre le *rapport* des nombres de tours et celui des nombres de dents de 2 pareilles roues ?

115 Trouver 4 nombres résultant d'opérations faites sur 21 et 56, et qui soient comme ceux-ci divisibles par 7.

116 De ce que $52 = 13 \times 4$ et $143 = 13 \times 11$, en déduire 6 autres nombres divisibles par 13, et calculer les 6 quotients sans faire de division ?

117 Deux nombres étant donnés, quelle est l'opération à faire sur ces nombres pour obtenir un résultat multiple de chacun d'eux, c'est-à-dire un *multiple commun* de ces deux nombres ?

118 Démontrer qu'un nombre est divisible par 6, lorsque le chiffre des unités ajouté à quatre fois la somme des autres donne une somme divisible par 6.

119 Le rapport de la circonférence au diamètre ayant pour valeur approchée 3, 1 415 926 536, on demande de prendre avec le moins de chiffres décimaux possible une valeur de ce rapport approchée à moins d'une demi-unité décimale et immédiatement divisible par 4, et de calculer la limite de l'erreur commise sur le quart de cette valeur.

Le rapport ci-dessus se désigne par π, et la valeur donnée est renfermée dans la phrase mnémonique suivante, dont chaque mot, par son nombre de lettres, représente un chiffre : *Que j'aime à faire connaître un nombre utile aux hommes !*

120 Prendre de même 3 valeurs différentes de ce rapport divisibles par 3, et indiquer pour chacune la limite et le sens de l'erreur commise, 1º sur la valeur ainsi obtenue elle-même, 2º sur le quotient de cette valeur par 3.

121 Prendre comme ci-dessus une valeur approchée de π divisible par 6, et indiquer le degré d'approximation du sixième de cette valeur.

122 Quels sont les restes des divisions du nombre 987 654 321 par les diviseurs 2, 3, 4, 5, 6, 8, 9, 10 et 11.

123 Même question pour le nombre 1.234.567.890, en expliquant comment il se fait

que les restes des divisions par 3 et 9 soient les mêmes qu'au numéro précédent ?

124 L'année ordinaire étant de 365 jours, et l'année bissextile de 366, on a proposé de donner à chaque mois quatre semaines exactement : quel serait alors le nombre des mois de l'année, et combien y aurait-il de jours complémentaires ?

125 Les années bissextiles non séculaires sont celles dont le millésime est divisible par 4. Quelle a été la première année bissextile de ce siècle, et quelles ont été celles de la seconde moitié jusqu'aujourd'hui ?

126 La réforme grégorienne du calendrier julien, en 1582, supprima 10 jours (*le lendemain du 4 octobre fut le* 15), et décida qu'à l'avenir les années séculaires dont le nombre de centaines serait divisible par 4, seraient seules bissextiles. Les Russes et les Grecs n'ayant pas adopté cette réforme, on demande : 1° de combien de jours leur calendrier (*julien*) est en retard sur le calendrier grégorien ; 2° à quelle époque précise le retard serait de 15 jours ?

126 *bis.* Démontrer que deux nombres quelconques A et B, divisés par leur différence A — B, donnent des restes égaux ; on en conclura que A^m et B^m, divisés par A — B, donnent aussi le même reste, et par suite que A^m — B^m est divi-

sible par A — B, quel que soit le nombre entier m pris pour exposant. (T. 109).

Ce problème, ainsi que le théorème 109 sur lequel repose surtout la solution, est emprunté à l'Arithmétique de M. J. Bertrand.

§ 2. *Plus grand commun diviseur*.

127 Quel est le plus grand nombre par lequel on peut diviser les deux termes de la division $\frac{462}{84}$, sans que les termes cessent d'être entiers ?

128 Quels sont les deux plus petits nombres entiers dont le quotient est le même que celui de $\frac{135}{105}$?

129 Trouver les deux nombres premiers entre eux dont le rapport $= \frac{9248}{144}$.

130 Deux marchands ont échangé 574 moutons contre 28 bœufs : simplifier autant que possible les conditions de ce marché, et déterminer la valeur d'un bœuf, un mouton étant estimé 30 fr.

131 Un marchand de vin manquant de bouteilles en demande 300 douzaines à un fabricant, à condition de lui en rendre 70 douzaines pleines : exprimer le plus simplement possible les conditions de cet échange.

132 Un bateau peut porter 2.700 sacs de blé contenant chacun 1 hectol., ou 2.250 barriques

d'huile de même contenance : quels sont les plus petits nombres de sacs et de barriques qui ont le même poids ? Et si l'hectol. de blé pèse 75 kilog., quels sont : 1° Le poids d'une barrique, 2° le tonnage du bateau ?

133 Deux roues dentées ont respectivement 360 et 144 dents. On veut les joindre par une 3e qui fasse un nombre entier de tours pour 1 tour de la 1ere, et un autre nombre entier de tours pour 1 tour de la 2e : quel est le plus grand nombre de dents que l'on peut donner à cette 3e roue (114); et quel sera, relativement au *rapport* de leurs nombres de dents, celui des nombres de tours des 2 premières roues pour 1 de la 3e ?

134 On a une surface rectangulaire ayant 0",75 de long sur 0",045 de large, et que l'on veut diviser en carrés égaux le plus grand possible : quel doit être le côté de ces carrés ?

Comparer le calcul à la recherche géométrique de la *plus grande commune mesure.*

135 On a un terrain rectangulaire de 31 ares 68 et de 66 m. de long, que l'on veut planter d'arbres distants entre eux et des propriétés voisines d'un même nombre entier de mètres plus grand que un : quels sont les nombres dont on peut disposer ?

136 On a reconnu que le travail de 60 hommes peut être fait par 90 femmes ou par 135 en-

fants : quels sont les 3 plus petits nombres entiers qui se correspondent, et si un homme gagne 3 f. 50 par jour, que doivent gagner à proportion une femme et un enfant?

137 Sachant que 150 m. de drap valent 800 m. de mérinos ou 1.320 m. de toile, et que le m. de drap vaut 12 f. 50, on demande : 1° les 3 plus petits nombres de mètres qui ont la même valeur, 2° la valeur d'un mètre de mérinos et celle d'un mètre de toile?

138 On peut remplacer 490 g. d'azote par 1085 g. de phosphore, dans les combinaisons chimiques, avec l'oxygène, par exemple, pour produire des composés analogues : quels sont les plus petits nombres de grammes de ces deux corps qui sont *équivalents*.

Les *équivalents chimiques* des corps simples ne sont pas tous premiers entre eux, comme ceux-ci : ils sont comparés à l'hydrogène pris pour unité ($H = 1$). Ainsi les équivalents des corps de la famille de l'oxygène sont multiples de 8.

§ 3. NOMBRES PREMIERS.

139 Prouver que deux nombres entiers consécutifs sont premiers entre eux.

140 La toise valant $1^m,9490366$ et se divisant en 6 pieds de 12 pouces, prendre cette longueur à moins d'une demi-unité décimale plus petite

que 1 millimètre, de telle sorte que les valeurs du pied et du pouce, déduites de la valeur ainsi approchée, soient exactes : les calculer avec leur degré d'approximation.

141 Même question pour le yard valant $0^m,91438348$, et divisé en 3 pieds de 12 pouces.

142 On veut vendre 120 pieds d'arbres en lots égaux ou en un seul lot : quels sont les différents lots que l'on peut faire, et quel sera pour chaque espèce de lots le nombre de ceux-ci ?

143 On veut transporter 2400 bouteilles en paniers égaux qui ne soient pas inférieurs à 12 bouteilles chacun, ni supérieurs à 50 : quels sont ces paniers et leurs nombres ?

144 Une roue dentée à 180 dents : quels sont les nombres d'*ailes* (ou de dents) supérieurs à 4 que l'on peut donner aux différents *pignons* qui peuvent engrener avec cette roue, de telle sorte que chacun fasse un nombre entier (différent) de tours pour un tour de la roue ?

145 On veut joindre deux roues dentées ayant l'une 150 et l'autre 72 dents, par une 3e plus grande, mais ayant le moins de dents possible, et qui fasse un seul tour pendant que chacune des deux premières en fera un nombre entier (différent) : quel doit-être le nombre des dents de cette 3e roue, et quel sera le *rapport* des nombres de tours faits par les 2 roues données pour

5.

1 de la 3e ou pendant le même temps, *comparé à celui* de leurs nombres de dents ?

On verra que ce rapport est indépendant de la 3e roue (114, 133).

146 Démontrer qu'un nombre impair égale un multiple de 4 ± 1, c'est-à-dire $= 4n \pm 1$.

147 Démontrer qu'un nombre premier plus grand que 3 est un multiple de 6 ± 1.

La réciproque n'est pas vraie, et l'on ne connaît aucune formule propre à n'exprimer que des nombres premiers.

148 Déduire des restes de la division d'un nombre par 2 et par 3, le reste de sa division par 6.

149 Sachant (114, 133, 145) que le *rapport* des nombres de tours faits dans le même temps par deux roues dentées engrenant ensemble est *l'inverse* du *rapport* de leurs nombres de dents, on demande les 2 plus petits nombres de tours que font dans le même temps deux pareilles roues ayant 150 et 200 dents.

150 On veut joindre deux roues dentées ayant l'une 120 dents et l'autre 75 par une 3e qui fasse un tour seulement pendant que chacune des deux premières en fera un nombre entier différent et le plus petit possible : combien cette 3e roue doit-elle avoir de dents?

151 On veut construire une horloge qui

marque les jours de la semaine, les heures et les minutes, au moyen de 3 roues dentées inégales, la moyenne (celle des heures) engrenant avec les 2 autres : quels doivent être les nombres de dents des deux plus grandes si l'on en donne 60 à la petite (celle des minutes) ?

Dans l'horlogerie, on remplace les grandes roues par plusieurs petites et des pignons convenablement choisis.

152 Décomposer 144 en deux facteurs dont la somme soit 40, et 120 en deux facteurs dont la différence soit 7.

153 Le *périmètre* d'un champ rectangulaire est de 60^m, sa surface de 216^{mq} : quels sont les côtés de ce champ ?

154 Quel est le plus petit nombre de boulets qui peut être rangé en *piles rectangulaires* de 20 ou de 35 ?

155 Prouver que le produit de trois nombres entiers consécutifs est divisible par 6.

Le quotient exprime la *somme des boulets* d'une *pile triangulaire* complète ayant autant de tranches qu'il y a d'unités dans le plus petit nombre n, c'est-à-dire la somme des n premiers *nombres triangulaires*.

156 Prouver que le produit de 2 n. entiers consécutifs, n et $n + 1$, et de leur somme $2n + 1$, est divisible par 6.

Le quotient exprime la somme des boulets, d'une *pile quadrangulaire* complète ayant n assises c'est-à-dire la somme des n premiers *nombres carrés*,

157 Un régiment peut-être disposé en groupes rectangulaires à centre plein de 8 hommes de front sur 6 de flanc, ou en carrés pleins de 7 hommes de côté : quel est le nombre d'hommes de ce régiment ?

158 Un nombre d'arbres inférieur à 1.000 peut être divisé en 120 lots égaux ou en 84 : quel est ce nombre ?

159 Un atelier de *spécialité* occupe des ouvriers de deux espèces, des forgerons et des ajusteurs. Pendant qu'un forgeron fabrique 378 pièces, un ajusteur en termine 84 : quels sont les 2 plus petits nombres de pièces qu'ils font dans le même temps, et par suite les 2 plus petits nombres d'ouvriers qui peuvent s'occuper mutuellement ?

160 Un forgeron fabrique en une semaine de 6 jours de travail 198 pièces, tandis qu'un ajusteur en termine 72 : quels sont les 2 plus petits nombres de semaines (ou de jours) pendant lesquels ces deux ouvriers feraient le même nombre de pièces, le plus petit possible.

161 En une heure, un ouvrier menuisier prépare 28 objets dont il ne peut achever que

12 dans le même temps : 1° quels sont les 2 plus petits nombres d'objets qu'il prépare et achève dans un même temps ; 2o quel est le plus petit nombre d'objets qu'il prépare et achève dans 2 nombres entiers d'heures ?

162 Sachant que la durée de la journée est de 10 heures, on demande combien cet ouvrier (161) doit travailler d'heures le matin pour se préparer du travail pour le reste de la journée ?

163 Une roue d'engrenage doit être formée de 8 pièces coulées dans le même moule et en conduire une autre à laquelle elle fera faire 4 tours, pendant qu'elle-même n'en fera qu'un. Le rayon de la circonférence *primitive* de cette roue étant de $2^m, 4$, et la grandeur du *pas* (dent et creux réunis) d'après la nature de la matière employée et la résistance à vaincre, devant être *au moins* de $0^m, 0576$, on demande quel nombre de dents on doit donner à cette roue? (M. Morin).

164 Pour que les dents d'un engrenage ne s'usent pas d'une manière inégale, il est néces-saire de faire en sorte que chaque aile du pignon vienne successivement en contact avec chaque dent de la roue, surtout lorsque la machine doit déployer une force considérable (comme dans les moulins) ; et l'on obtient ce résultat en prenant les deux nombres de dents premiers entre eux (Cournot).

Prouver que lorsque le nombre des dents de la roue est multiple de celui du pignon, il suffit d'ajouter une unité au 1er pour les rendre premiers entre eux, c'est-à-dire que quand un nombre en divise un autre, il est premier avec le suivant.

La dent ainsi ajoutée se *nomme dent de chasse*.

165 Satisferait-on toujours à la condition indiquée, si, les deux nombres étant divisibles l'un par l'autre, on ajoutait une unité au plus petit, c'est-à-dire si l'on ajoutait la *dent de chasse* au pignon ?

CHAPITRE IV.

FRACTIONS ORDINAIRES.

166 Archimède a donné pour le rapport de la circonférence au diamètre le nombre fractionnaire 3 1/7, et Adrien Métius a proposé l'expression fractionnaire $\frac{355}{113}$. Réduire ces deux nombres, le 1er en expression fractionnaire, le 2e en nombre fractionnaire.

En retranchant terme à terme les 2 expressions fractionnaires, comme si elles étaient égales, ou a une 3ᵉ valeur du rapport, employée depuis longtemps par les Indous.

167 Trouver quel est le plus grand des nombres 3 1/7 et 3 16/113 en réduisant au même numérateur les deux fractions qui y entrent.

168 Réduire en nombres décimaux les valeurs de π données par Archimède et par Métius, et celle qu'emploient les Indous, et les comparer à la valeur plus approchée (n° 119).

169 Quelle est la plus grande des deux fractions 7/22 et 113/355 qui expriment chacune le rapport du diamètre à la circonférence, c'est-à-dire l'inverse de π.

Comparez cette réponse à celle du N° 167, et remarquez que la 2ᵉ fraction contient 2 fois chacun des premiers nombres impairs.

170 Sachant que 81 livres tournois valaient 80 francs, on demande la valeur d'une livre, 1° à moins d'un demi-centime, 2° en fraction périodique.

171 La livre tournois (de Tours) valait 20 sous et le sou 4 liards ; on demande la valeur du liard, 1° en fraction ordinaire du franc, 2° en fraction périodique.

La livre parisis (de Paris) valait 25 sous.

172 Le *coefficient de dilatation* de l'air et de la plupart des gaz est 11/3000 et celui du mercure 1/5550, pour 1° d'élévation dans leur tem-

pérature: les réduire en fractions décimales à moins d'un demi cent millième, et réduire le premier en fraction aliquote.

173 La carte de l'état-major est à l'échelle de $\frac{1}{80.000}$ et les plans du cadastre sont à celle de $\frac{1}{2.500}$ réduire ces échelles en décimales en multipliant les deux termes par un même nombre.

174 Réduire en fraction décimale périodique la fraction ordinaire $\frac{531.251}{3.093.750}$

175 Quel est le plus grand des nombres 9/8, 10/9 et 16/15 représentant les *intervalles* nommés en musique *ton majeur*, *ton mineur* et *semiton majeur*, et quelle est la différence des deux premiers, nommée *comma* ?

176 La vitesse du son dans l'air est de 1/3 de kilomètre par seconde ; ses vitesses dans l'eau et dans la fonte étant respectivement 4 1/3 et 10 1/2 fois plus grandes que sa vitesse dans l'air, on demande à moins d'un demi-hectomètre les vitesses du son dans l'eau et dans la fonte.

177 *Les coefficients de dilatation cubique* des principales espèces de verre pour 1 degré dans l'intervalle de 0 à 100° sont compris entre 0,000 020 et 0,000 0275 ; réduire ces fractions décimales en fractions ordinaires irréductibles.

Le coefficient de dilatation cubique est le triple du coefficient de dilatation linéaire.

CHAPITRE V.

MULTIPLICATION ET DIVISION ABRÉGÉES.

178 La perche carrée de Paris avait 3 toises de côté. Calculer sa valeur en toises carrées, puis en mq, en prenant pour la toise $1^m,94904$, et déterminer pour la toise carrée le degré d'approximation nécessaire pour obtenir la valeur de la perche carrée à moins d'un décimètre carré.

179 Le pied français valant $0^m,32484$, calculer la valeur du pied carré, et indiquer l'unité d'approximation si l'on place le 1er chiffre décimal du multiplicateur, 3, sous le dernier du multiplicande 4.

180 Calculer de même le plus simplement et le plus exactement possible le carré de π pris avec ses 10 chiffres décimaux (119), et indiquer le degré d'approximation.

181 En prenant pour valeur de la toise $1^m,94904$, calculer à moins de 1 kilomètre la distance du pôle à l'équateur, qui est de 5.130.740 toises.

182 Prendre la valeur de la livre tournois en franc à moins d'un demi-billionième (170) et en déduire la valeur de 123456 livres à moins d'un centime.

183 Calculer à moins d'un millième le produit des nombres 45ᵐ6666.... et 3,142857.142857... à moins d'un millimètre. — Le second facteur est la valeur de π donnée par Archimède.

184 Vérifier le produit précédent et celui du N° 182, en remplaçant les fractions périodiques par les fractions ordinaires équivalentes, c'est-à-dire par leurs fractions génératrices.

185 En supposant la population de la France de 37.000.000 d'habitants, sa surface étant de 54.305.141 hectares, calculer l'étendue par habitant, en conservant d'abord tous les zéros au diviseur, et les faisant ensuite disparaître un à un. Vérifier, d'après le N° 106, que l'erreur commise en plus est $<$ le quotient exact divisé par le diviseur abrégé écrit sans virgule ni zéro à droite.

186 Calculer la population moyenne par million d'hectares, en prenant la population totale 37.382.225 et pour surface 54 millions d'hectares, et faire la même vérification qu'au N° précédent.

187 Déterminer, par la division abrégée, le rayon de la terre, supposée parfaitement sphérique, à moins d'un demi-kilomètre, en prenant π avec 10 chiffres décimaux (119).

188 Calculer la valeur de la toise à moins d'un millimètre, par la division abrégée.

189 Calculer à l'aide de π (N° 119) la valeur de son inverse $1/\pi$, c'est-à-dire le rapport du

diamètre à la circonférence, avec 5 chiffres décimaux.

190 On démontre en géométrie que la surface d'une sphère s'obtient en divisant par π le carré de la circonférence d'un grand cercle. Appliquer cette mesure à la terre, et exprimer la surface en kilomètres carrés.

191 Remplacer la division précédente par une multiplication (189).

192 Remplacer de même la division du problème 187 par une multiplication.

193 Calculer l'inverse de g à moins d'un dix-millième, g valant 9ᵐ,80896.

194 Réduire 123.456.789 francs en livres par la division abrégée (170).

195 Vérifier ce résultat d'après les données du Nᵒ 170.

CHAPITRE VI.

PUISSANCES, RACINES ET RAPPORTS.

196 Quelle est la différence des carrés de 53 et de 54?

197 Trouver 2 nombres entiers consécutifs dont les carrés diffèrent de 27.

198 On veut planter d'arbres également espacés un terrain de forme carrée. En employant un certain nombre d'arbres de chaque côté, il en faut 65 de plus qu'en en mettant 1 de moins : quels sont les 2 nombres ?

199 On veut disposer un régiment en bataillon carré à centre plein. En mettant un certain nombre d'hommes sur chaque rang, il en manque 30 ; en en mettant un de moins, il en reste 47 : **quel est le nombre d'hommes ?**

200 Le *rod* (*pole* ou *perch* carré anglais) valant $25^{mq},281939$, on demande à moins de 1 millimètre la valeur du *pole* ou *perch* en mètres, et sa valeur en yards, le yard valant $0^m,9144$.

201 On a employé 3249 carreaux de $0^m,145$ de côté pour paver une salle carrée. On demande le côté de cette salle.

202 Le mille carré anglais vaut 2 Kmq, 589895 ; combien le mille vaut-il 1° de mètres, 2° de yards?

203 Démontrer, à l'aide de l'égalité $(n + 1)^2 =$

$n^2 + 2n + 1$, que le carré d'un nombre quelconque $(n + 1)$ surpasse toujours de 1 le produit des 2 nombres entre lesquels il est compris, n et $n + 2$.

204 Déduire du problème 147 que le carré d'un nombre premier > 3 est un mult. de 24 $+ 1$.

205 Déduire du problème 146 et du théorème 105 qu'un carré impair divisé par 8 donne pour reste 1.

206 En partant de l'expression de la surface du triangle (1/2 BH), on démontre facilement que celle du cercle s'obtient en multipliant le carré du rayon par π, c'est-à-dire a pour formule πR^2. Remplacer dans cette expression R par le demi-diamètre $\frac{D}{2}$, simplifier le résultat et en indiquer le degré d'approximation en partie de D^2 (119).

207 Remplacer le coefficient trouvé par un diviseur.

208 On démontre en géométrie que dans un triangle rectangle le carré de l'hypoténuse égale la somme des carrés des deux autres côtés. Cela posé, on demande la *base* et par suite la *pente* du plan incliné d'une carrière dont la *longueur* (suivant la ligne de plus grande pente) est $23^m,50$ et la *hauteur* $8^m,75$.

209 Sachant qu'une pyramide est le tiers d'un

prisme de même base et de même hauteur, on démontre facilement que le volume du cône a pour expression $\frac{1}{3}$ π R ^{2} H. Simplifier ce résultat (120).

210 Remplacer le coefficient trouvé par un diviseur.

211 La surface de la sphère étant équivalente à celle de *4 grands cercles*, c'est-à-dire ayant pour expression 4 π R ^{2}, on déduit facilement du N° précédent que le volume de la sphère $= 4/3$ π R^3. Simplifier ce résultat et indiquer le degré d'approximation en partie de R ^{3}.

212 Substituer au coefficient de R ^{3} un diviseur.

213 Mêmes questions relativement à D ^{3}, en remplaçant R par D/2 dans l'expression précédente (4/3 π R ^{3}).

214 On démontre que l'*excentricité* de l'orbite terrestre est donnée par la formule $e = \dfrac{\sqrt{v} - \sqrt{v'}}{\sqrt{v} + \sqrt{v'}}$ v, v' étant les vitesses angulaires de la terre par jour au périhélie et à l'aphélie, c'est-à-dire le 1er janvier et le 2 juillet (M. Faye). Sachant que $v = 1^o\ 1'\ 11''$ et $v' = 57'\ 13''$, calculer l'excentricité e à moins d'un demi-millième.

215 Démontrer que la racine carrée de l'inverse d'un nombre égale l'inverse de la racine carrée de ce nombre.

216 La longueur du pendule qui bat la se-

conde à Paris étant de $0^m,993856$, extraire la racine carrée de ce nombre à moins d'un millième.

217 Même question relativement à g qui vaut $9^m,80896$.

218 Le pendule employé par M. Foucault pour *montrer* le mouvement de rotation de la terre, avait environ 49^m de longueur : quelle était la durée de l'oscillation de ce pendule, d'après la formule $t = \pi \sqrt{\dfrac{l}{g}}$.

219 Le pendule employé à la Faculté des Sciences de Lille, pour répéter l'expérience de M. Foucault, fait son oscillation en $2^s,65$; quelle est sa longueur ?

220 En 1672, l'académicien français Richer, envoyé par Louis XIV à Cayenne, près de l'équateur, pour divers travaux scientifiques, reconnut que la longueur du pendule qui battait la seconde à Cayenne n'était que de 3 P 7 ^{1},35, tandis qu'à Paris elle était de 3 P 8 ^{1}, 60. Déterminer à l'aide de la formule du pendule la valeur de g à Cayenne.

Ce résultat dû à la force centrifuge et prévu par Picard, était la première démonstration physique ou plutôt mécanique du mouvement de rotation du globe terrestre (M. Faye). Celle de M. Foucault est la dernière et la plus frappante.

221 La circonférence ayant pour formule $C = 2 \pi R$, trouver l'expression équivalente au carré

de la circonférence, C², et par suite l'opération à faire sur ce carré pour obtenir la surface de la sphère 4 π R².

222 Sachant que le volume ou la capacité d'un cylindre s'obtient en multipliant la surface de la base π R² par la hauteur H, on demande les dimensions de l'Hl, sachant que sa hauteur est égale à son diamètre.

223 Même question pour le litre dont la hauteur est double du diamètre.

224 Une poulie animée d'un mouvement uniforme fait 17 tours en 2 secondes : combien en fera-t-elle en 1 minute (*les nombres de tours étant proportionnels aux temps*) ?

225 Le nombre de tours que fait un pignon est en raison inverse du nombre de ses dents. Cela posé, on sait qu'un pignon fait 12 tours pendant que la roue motrice en fait 1 : combien un autre pignon ayant 3 fois plus de dents que le 1er ferait-il de tours pour une révolution de la même roue motrice ?

226 Quel doit être le nombre de dents d'une roue dentée engrenant avec une autre de 56 dents pour qu'elle fasse 7 tours pendant que la roue donnée en fait 4 ?

227 *Les vitesses acquises par un corps qui tombe, c'est-à-dire animé d'un mouvement uniformément accéléré, sont proportionnelles au temps.* Un corps

qui a tombé pendant 1ˢ a acquis une vitesse de 9ᵐ, 81 : quelle est la vitesse acquise après 8ˢ?

228 *Les espaces parcourus par un corps animé d'un mouvement uniformément accéléré sont proportionnels aux carrés des temps employés à les parcourir.* Cela posé, quelle est la profondeur d'un puits tel qu'une pierre lâchée de l'ouverture arrive au fond après 5ˢ, sachant qu'elle parcourt 4ᵐ, 90 dans la 1ʳᵉ seconde.

229 La valeur des diamants varie comme le carré du nombre de *carats* qui exprime leur poids, quand celui-ci ne dépasse pas 10 carats. Cela posé, on demande : 1º la valeur d'un diamant brut pesant 7 carats, sachant que le carat est estimé 48 f. et qu'il pèse 0 g., 2055 ; 2º la valeur d'un diamant taillé *en rose*, pesant 8 carats, à raison de 92 f. pour un carat.

230 En appliquant la loi précédente (trop lente pour les gros diamants), à celui de Pitt ou du Régent pesant 136 carats 3/4, quel serait le prix d'un autre diamant d'aussi belle eau, taillé aussi *en brillant* et pesant 1 carat; on sait d'ailleurs que le 1ᵉʳ est estimé 8 millions. C'est le chiffre pour lequel il a figuré en 1848 dans les inventaires de la couronne ; il a coûté 2 millions 1/2 (M. Girardin).

231 *Les surfaces semblables sont entre elles comme les carrés des côtés homologues.* La surface

d'un triangle dont la base a 15 m. est de 65 m. carrés, quelle est celle d'un autre triangle semblable au 1er et construit à l'échelle de 0,002 ?

232 Képler a reconnu que les *carrés des temps des révolutions des planètes sont proportionnels aux cubes de leurs distances moyennes au soleil.* Cela posé, calculer en jours le temps des révolutions de Mercure, Vénus et Mars, celle de la terre ayant lieu en 365 jours, et leurs distances moyennes, comparées à celles de la terre , étant respectivement 0,4; 0,7 et 1, 6 (101).

233 Calculer de même, en années, les temps des révolutions des 4 grosses planètes, leurs distances, relativement à celle de la terre, étant environ 5,10,20 et 30.

234 Un bec de gaz n° 1 a un éclat qui est les 0,77 de celui d'une lampe Carcel placée à la même distance: que devient cet éclat comparé au 2e lorsque sa distance devient double, celle de la lampe n'ayant pas changé? *On sait que l'éclat d'une lumière varie en rapport inverse du carré de sa distance.*

235 A quelle distance doit être placé un bec de gaz n° 2 dont l'éclat est 11/10 de celui d'une lampe Carcel pour donner le même éclat que cette lampe, placée à 3 mètres.

236 Un bec de gaz n° 3 placé à 1 m. 30 c. d'un corps, l'éclaire aussi fortement qu'une

lampe Carcel placée à **1** m. : quel serait l'éclat du bec comparé à celui de la lampe pris pour unité, si le bec était ramené à la distance de 1 m. comme la lampe.

237 On a une balance dont les bras sont inégaux. Quand on place un corps P à l'extrémité du grand bras B, il faut suspendre à l'autre, bras 1 Kg, 54 pour établir l'équilibre ; quand au contraire on le place à l'extrémité du petit bras b, l'équilibre est établi par 1 Kg, 38 placés à l'extrémité du grand, B. Quel est le poids réel du corps (T. 217,222).

238 On démontre en géométrie que *les volumes de deux corps semblables* (et par suite les capacités de deux vases semblables) *sont proportionnels aux cubes de leurs dimensions homologues.* Déduire de ce théorème les dimensions du décilitre en bois, sachant que l'hectolitre a 0^m, 503 de diamètre.

239. Déduire de la formule $h = 1/2 \, gt^2$, donnée au théorème 233, une formule qui permette de calculer en combien de secondes un corps abandonné à lui-même atteindrait le fond d'une mine ayant $490^m,5$ de profondeur, et de la formule $v = \sqrt{2\,g\,h}$, la vitesse acquise dans cette chute.

240 Expliquer, d'après le théorème 181, comment il se fait que la somme des premiers nombres impairs 1, 3, 5, 7, 9... donne toujours un carré.

Ces nombres exprimant respectivement les rapports des espaces parcourus par un corps qui tombe, pendant les 1e, 2e, 3e, unités de temps de sa chute, on peut conclure du fait indiqué ici les lois données n°s 227 et 228.

Voici deux autres remarques empruntées à l'Arithmétique de M. Bertrand : 1° Si on prend la suite des nombres impairs, 1, 3, 5, 7.... et qu'on la partage en groupes dont le 1er ait un terme, le 2e deux, le 3e trois, la somme des termes d'un même groupe est un cube. 2° La somme des cubes des premiers nombres 1, 2, 3, 4, 5.. est égale au carré de la somme de ces nombres.

CHAPITRE VII.

QUESTIONS GÉNÉRALES

SUR LES OPÉRATIONS FONDAMENTALES.

1° Quelle est l'opération à faire pour déterminer la valeur du nombre inconnu, quand on connaît :

241 La somme de deux nomb. et l'un d'eux. Ex.

242 La différence ———————   —————— —

243 Le produit   —————————   —

244 Le quotient ou rapport   ———— - —

Deux des questions ci-dessus ont chacune 2 solutions.

2° Déterminer deux nombres inconnus, connaissant le résultat de 2 opérations faites sur eux, c'est-à-dire :

245 Leur somme et leur différence. Ex. numériq.

246 ——— ——   ——— produit (P 152)

247 .   ——   ——— rapport (T 221).

248 Leur différ. et leur produit (P 152).

249 .   ——   -- rapport (T 221).

250 Leur produit et leur rapport.

La solution de cette dernière question repose sur cet axiome : *deux quantités égales à une 3ᵉ sont égales entre elles*, et conduit seule à l'extraction d'une racine carrée.

6.

CHAPITRE VIII.

Machines.

§ 1. FORCE. TRAVAIL.

On nomme *force* toute cause capable de produire ou de modifier un mouvement. L'unité de force est le Kg., et la valeur d'une force en Kg. s'obtient à l'aide d'un *dynamomètre*, analogue au *peson* à ressort.

Dans l'industrie, *la force d'un moteur*, s'évalue un peu différemment, car « *une puissance motrice ne peut être définie et mesurée que par la quantité de travail qu'elle produit dans un temps donné.* »   (A. A. COURNOT).

Le *travail* d'une force agissant verticalement de bas en haut, est le produit du poids qu'elle soulève par le chemin qu'elle lui fait parcourir.

L'unité de travail est le *kilogrammètre*, représentant 1 Kg. élevé à 1 m.

251 Un ouvrier élève à l'aide d'un treuil 56 quintaux de minerai de fer à 45 m. de hauteur en 10 heures de travail : quel est son travail par seconde en kilogrammètres (Kgm) ?

— Le résultat est conforme à celui du problème 263.

252 Un ouvrier élève des pierres du fond d'une carrière qui a 39^m,75 de profondeur. La densité de cette pierre étant 1,75, combien peut-il en élever de m. c. en 9 heures de travail dans les conditions et d'après le résultat du problème précédent ?

Lorsque le travail ne consiste pas à élever des fardeaux, on mesure celui qui est effectué pendant un certain temps, et par suite la force de la machine qui le produit, en appliquant à l'arbre tournant de cette machine un appareil qui porte le nom de *frein dynamométrique de Prony*, et qui ressemble à la romaine.

§ 2. MACHINES HYDRAULIQUES.

Le travail total produit en un certain temps par une chute d'eau est égal au produit du poids de l'eau tombée pendant ce temps par la hauteur de chute.

253 Une chute d'eau de 1^m,20 débitant 123 Hl. à la minute est employée, par l'intermédiaire d'une roue Poncelet à élever des fardeaux. En une heure, elle élève 7540 Kg. à 4^m,5 de hauteur : quel est le *rendement* de la roue et des appareils employés, c'est-à-dire le rapport du travail effectué au travail total de la chute ?

254 Quel doit être la force d'une machine à vapeur destinée à remplacer pendant les temps

de sécheresse la chute d'eau d'un moulin, sachant que cette chute est de 3ᵐ,75 et qu'elle verse 80 Hl. d'eau par minute, le rendement de la *roue en dessus* étant 0,6.

255 D'après Francœur, il faut, dans un moulin, la force d'environ 4 chevaux-vapeur pour une paire de meules. Cela posé, quel doit être le débit d'une chute d'eau de 4ᵐ,50 de hauteur, agissant sur une *roue à augets* dont le rendement est 0,65, pour mouvoir 2 paires de meules, sachant que le cheval vapeur équivaut à 75 Kgm. par seconde.

256 On veut établir sur un cours d'eau une fabrique exigeant le travail effectif de 5 chevaux-vapeur: quelle doit être la hauteur du barrage, si le débit est de 80 Hl, 36 par minute, et si l'on admet que la *turbine* que l'on se propose d'employer rendra 70 % du travail total de la chute ?

257 Combien peut fonctionner d'heures par jour (de 24 h.) un moulin qui a une paire de meules (n° 255), et qui dispose d'une chute d'eau de 3ᵐ, sachant que l'eau arrive dans le réservoir par une section de 2 d m. q. avec une vitesse constante de 2ᵐ,5 par seconde, et que le rendement de la roue est 1/2.

3 MACHINES A VAPEUR.

La force des machines s'exprime en *chevaux-vapeur*.

On nomme *cheval-vapeur* la force capable d'élever en une seconde 75 Kg. à 1 m. de hauteur (ou 1 Kg. à 75 m.) ; en d'autres termes, le cheval-vapeur équivaut à 75 Kgm. par seconde.

258 On demande combien une machine de 10 chevaux *devrait pouvoir élever* en 12 heures de quintaux de minerai de fer du fond d'une mine qui a 60 m. de profondeur.

259 On nomme *rendement* d'une machine le rapport de la force utilisée à la force motrice totale. La machine ci-dessus élevant à la hauteur et dans le temps donnés 432 tonnes, on demande : 1° la force utilisée ; 2° le rendement.

260 On veut épuiser à l'aide d'une machine à vapeur fonctionnant continuellement l'eau d'une mine qui a $63^m,75$ de profondeur, sachant que la source donne $16^{m\,c}$ 1/4 par heure, et que les pompes employées ne rendent que les 0,3 de la force qu'on y applique. Quelle doit être la force de cette machine ?

261 Une mine de charbon qui a 150 m. de profondeur possède une machine de la force de 35 chevaux et produit par jour 5400 Hl. pesant

80 Kg. Combien de temps doit fonctionner chaque jour cette machine, si le rendement des appareils employés est 6/7.

262 Quelle est la force d'une locomobile, qui, appliquée à l'épuisement d'une pièce d'eau de 240 m. de surface, en élevant l'eau à 7 m. 50 a fait baisser le niveau de $0^m,60$ en une heure. On sait que les appareils employés absorbent 1/3 de la force qu'on y applique.

263 « En 1863, le nombre des machines à vapeur s'élevait en France à 22.516 représentant une force de 617.890 chevaux-vapeur, ou de 1.853.670 chevaux de trait, ou encore de 12.975.690 hommes de peine, c'est-à-dire supérieure à celle de tous les hommes en état de travailler qui existent dans le pays. » (Rapport à l'Empereur, du 25 janvier 1865). Quelle est, d'après ces données, la force moyenne des machines à vapeur en France, et combien estime-t-on qu'un cheval-vapeur remplace 1° de chevaux de trait, 2° d'hommes ?

264 En Angleterre, et aux Etats-Unis, on nomme *force de cheval (horse power)*, la force nécessaire pour élever 33.000 livres à 1 pied en une minute. Combien cette force représente-t-elle de Kgm. par seconde, c'est-à-dire combien peut-elle élever de kilog. à 1 m. en une seconde,

sachant que la livre anglaise vaut 453 g. 6 et le pied 0m, 3048.

265 Résoudre la même question en réduisant le m. en pieds anglais et le Kg. en livres anglaises, chacun à moins d'un demi-dixième près, et cherchant combien la force donnée peut élever de livres, et par suite de Kg. à 1 m. en 1 seconde.

§ 4. EXPANSION DE L'AIR ET DE LA VAPEUR.

266 Sachant qu'il faut environ 640 unités de chaleur pour transformer 1 litre d'eau à 0 en vapeur à 100°, et 23 unités 3/4 pour porter un litre d'air de 0 à 100°, on demande combien on pourrait porter de litres d'air de 0 à 100° avec la chaleur nécessaire à la production d'un kilog. de vapeur.

266 *bis* Quel serait l'accroissemeut de volume résultant de l'élévation de température indiquée au problème précédent sur le n. de litres trouvé, le coefficient de dilatation de l'air étaut 0,00367.

267 Calculer le volume qu'acquiert 1 litre d'air à 0° en passant à 100°, sans changement de pressiou, et par suite le poids d'un litre d'air à 100° sous la pression ordinaire 0m,76, sachant qu'à cette pression et à 0° le litre d'air pèse 1 g. 293.

268 Quel serait l'accroissement de volume

que prendrait 1 litre d'air en passant de 0 à 2.700°, température à laquelle on pourrait *théoriquement* porter 1 litre d'air avec la chaleur nécessaire à la transformation d'un litre d'eau à 0 en vapeur à 100°.

269 Déduire du résultat n° 267 le poids d'un litre de vapeur à 100° et sous la pression moyenne 0^m,76, sachant que la densité de la vapeur d'eau est 5/8 environ (de celle de l'air pris dans les mêmes conditions).

270 Calculer, à l'aide du résultat précédent, le volume d'un Kg. de vapeur à 100°, sous la pression normale, et en conclure l'accroissement de volume qu'éprouve l'eau en passant de l'état liquide à celui de vapeur à 100°.

Comparer ce résultat à ceux des n°s 266 *bis* et 268.

Cette expansion considérable, lorsqu'elle ne peut se produire librement, se transforme en une *pression* que l'on mesure à l'aide d'un *manomètre*, soit à air libre, soit à air comprimé, contenant tous deux du mercure, et le plus souvent à l'aide d'un manomètre à cadran gradué au moyen de l'un des précédents.

§ 5. TENSION OU PRESSION DE L'AIR ET DE LA VAPEUR.

La pression de la vapeur s'exprime en *atmosphères*, ou en Kg. par cm. q. Le décret du 25 janvier 1865 prend pour unité le Kg. par cm. q.

271 Quel est le poids d'une colonne de mercure de 1 cm. q. de base et $0^m,76$ de hauteur, la densité du mercure étant 13,6 ?

Ce poids représente la pression de l'atmosphère par cm. q., la hauteur indiquée étant la hauteur moyenne du baromètre.

272 Quelle serait la hauteur d'une colonne d'eau faisant équilibre à une colonne de mercure de $0^m,76$ de haut ?

Cette hauteur d'eau représente la pression de l'atmosphère.

Les petites pressions s'expriment quelquefois en hauteur d'eau. (394).

273 Dans l'établissement du Pont-du-Rhin (entre Strasbourg et Kehl) on a eu recours à l'air comprimé pour permettre aux ouvriers de travailler jusqu'à plus de 20 m. au dessous du niveau de l'eau. (M. Perdonnet). A quelle pression se trouvait au moins cet air, c'est-à-dire combien de fois supportait-il la pression d'une atmosphère ?

7

Ne pas oublier l'atmosphère réelle, pour ce problème et les suivants.

274 Pour le percement du Mont-Cenis, on emploie l'air comprimé à 6 atmosphères dans des machines communiquant avec les chutes d'eau de la montagne (M. Perdonnet). Quelle doit être la *hauteur* des tubes contenant l'eau, si celle-ci agit directement sur l'air ?

Cet air agit exactement comme la vapeur, sur un piston.

275 Quelle sera la hauteur du mercure au-dessus du niveau dans la branche ouverte du *manomètre à air libre* d'un générateur, quand la vapeur aura à l'intérieur une tension de 2 atmosphères 1/2 ?

276 A quelle tension se trouve la vapeur dans un générateur dont le manomètre à air libre indique $2^m,66$?

277 Quelle est en Kg. la pression supportée intérieurement par la *soupape de sûreté* d'une machine à vapeur marchant à 5 atmosphères, sachant que cette soupape a $0^m,06$ de diamètre ? Les données de ce problème et des trois suivants ont été prises sur la machine de l'Ecole des Arts industriels de Lille.

278 Quel poids faudrait-il placer directement sur la soupape précédente, pesant un demi-Kg., pour équilibrer la pression intérieure ?

279 La soupape ci-dessus agissant sur un bras de levier de $0^m,06$, quel poids devra-t-on placer à l'extrémité du second bras de ce levier (du 3e genre) pour qu'il y ait équilibre, sachant que ce bras a $0^m,60$?

280 Calculer la hauteur du poids cylindrique employé sachant que sa base a $0^m,10$ de diamètre, et que la densité du métal est 8.

281 Les données étant les mêmes qu'au problème 279, à quelle distance du point d'appui devrait être placé le poids trouvé pour qu'il y ait encore équilibre si la pression était diminuée d'une atmosphère ?

282 Une soupape ayant $0^m,08$ de diamètre est maintenue par un poids de 20 kilog. suspendu à l'extrémité d'un levier dont le petit bras a $0^m,07$ et le grand $0^m,56$: A quelle pression marche la machine ? On fera ici abstraction du poids de la soupape.

§ 6. PRESSIONS EN MESURES ANGLAISES.

En Angleterre on n'évalue pas la pression intérieure totale, mais celle-ci diminuée de la pression atmosphérique extérieure, c'est-à-dire la pression qui tend à déterminer la rupture. En d'autres termes quand le générateur ne renferme que de l'air ou de la vapeur à une pression égale à celle de l'air extérieur, le manomètre français indique 1 (atmosphère ou Kg. par c m. q.), et le manomètre anglais, 0 (*livre*) ; car les Anglais expriment la pression en livres anglaises par pouce carré anglais.

283 Réduire la hauteur moyenne du baromètre $0^m,76$ en pouces anglais à moins d'un demi pouce près (284).

284 En admettant que la pression de l'atmosphère soit exactement de 1 Kg. par centim. q., calculer cette pression en livres anglaises par pouce carré à moins d'un dixième près, sachant que le pouce vaut $0^m,0254$ et la livre 453 gr. 6.

285 Réduire en mesures anglaises une pression de 5 Kg. par c m. q.

286 Même question pour des pressions de 2, 3, 4, 6, 7, 8 Kg. par c m. q.

287 Chercher une formule pour résoudre tous les problèmes analogues, en désignant par L la pression en livres par pouce, et par K la pression en K. g. par c. m. q.

288 Remplacer dans l'expression trouvée le multiplicateur par un diviseur exprimé en centièmes.

289 Combien de Kg. par c m. q. représente une pression de 50 livres (anglaises) par pouce carré (anglais).

290 Même question pour des pressions variant de 10 en 10 livres, de 0 à 100.

Les manomètres anglais sont ordinairement gradués de 0 à 100. Cette dernière pression est en effet la limite ordinaire des machines à haute pression.

291 Résoudre par une formule tous les problèmes analogues, à l'aide des notations du N° 287.

292 Remplacer dans la formule précédente la division par une multiplication.

§ 7. CONSOMMATION DE HOUILLE.

293 Une machine de 15 chevaux consomme 5 Kg. de houille par cheval et par heure : combien consomme-t-elle d'Hl. en une année de 300 jours de 12 heures de travail, l'Hl. pesant 80 Kg.?

La machine de M. Farcot. récompensée à l'Exposition universelle de 1855, brûlait moins de 1 Kg. 5 de houille par cheval et par heure.

294 Quelle est la consommation par cheval et par heure d'une machine de 30 chevaux qui brûle en 24 heures 38 quintaux 2/5 de houille ?

295 On a introduit dans cette machine un perfectionnement qui réalise une économie de 35 °/o sur le combustible : quelle est alors la consommation par cheval et par heure, et la consommation totale en 24 heures ?

296 Le constructeur n'ayant demandé en paye-
ment du perfectionnement introduit que la moitié
de l'économie du combustible pendant une année,
on demande ce qui lui revient, sachant que la
machine fonctionne 300 jours par an, et que
l'Hl. de houille pesant 80 Kg. coûte 1 fr. 50 c•

Watt livrait ses premières machines à de pareilles conditions.

§ 8. VAPORISATION ET ALIMENTATION.

On nomme *calorie*, ou unité de chaleur, la
quantité de chaleur nécessaire pour élever de
$1°$ la température de 1 Kg. d'eau.

297 Sachant que 1 Kg. de charbon brûlé
complètement produit environ 7.500 calories, et
que pour transformer 1 Kg. d'eau à $0°$ en vapeur
à $100°$, il faut 637 calories (dont 537 demeurent
latentes), on demande quelle est, en théorie, la
quantité d'eau supposée à la température initiale
de $20°$ que peut favoriser 1 Kg. de houille.

Dans la pratique on obtient rarement plus de
la moitié.

298 Quel est le volume d'eau absolument nécessaire (sans tenir compte des pertes), pour
alimenter pendant une journée de 10 heures une
machine qui brûle pendant ce temps 15 Hl.
de houille pesant 78 Kg., l'expérience ayant
montré que 1 Kg. de houille, dans les condi-

tions ordinaires de cette machine, vaporise 6 Kg. d'eau.

Beaucoup de machines s'alimentent aujourd'hui à l'aide de l'ingénieux injecteur Giffard.

299 Les pertes étant évaluées à 1/5 du volume théoriquement nécessaire, le piston de la machine et par suite celui de la pompe alimentaire faisant 100 mouvements complets de va-et-vient par minute, le diamètre du corps de pompe alimentaire étant de 2 décim., on demande quelle doit être la course du piston ?

On peut régler la course du piston à l'aide d'un *excentrique* plus ou moins grand.

300 D'après MM. Favre et Silbermann, 1 Kg. de carbone (charbon pur), brûlé avec assez d'air ou d'oxygène pour fournir de l'acide carbonique (CO_2), produit la quantité de chaleur qui peut échauffer de 0 à 100° un poids d'eau de 80 Kg. 8; le même poids de carbone brûlé avec la quantité d'air seulement capable de former de l'oxyde de carbone, CO, (c'est-à-dire la moitié de la quantité précédente), n'élève de 0 à 100° que 24 Kg. 73 d'eau. Quel volume d'eau 100 Kg. de carbone incomplètement brûlés pourraient-ils porter de 15° à 100°, et quel poids suffirait-il de brûler complètement pour obtenir le même résultat?

L'oxyde de carbone est d'ailleurs très-vénéneux.

§ 9. Combustion de la houille et du bois.

301 L'acide carbonique ayant pour formule CO_2, et les *équivalents* du carbone C et de l'oxygène O étant respectivement 6 et 8 (ce qui signifie que l'acide carbonique contient 6 g. par exemple de carbone, pour 2 fois 8 g. ou $8 \times 2 = 16$ g. d'oxygène). On demande la composition du gaz acide carbonique en centièmes.

302 Sachant que l'air, qui pèse environ 1 g. 3 le litre (à 0° et sous la pression 0^m,76) renferme 0,23 de son poids d'oxygène, on demande (le poids et par suite) le volume d'air *théoriquement* nécessaire pour convertir 1 Kg. de carbone pur en acide carbonique.

303 M. Péclet admet qu'en pratique, la moitié seulement de l'oxygène de l'air introduit dans un foyer est absorbé par la combustion de la houille, et 2/3 par celle du bois.

304 L'eau ayant pour formule HO et l'équivalent de l'hydrogène étant 1 et celui de l'oxygène 8 (ce qui signifie que dans 9 g. d'eau, par exemple, il y en a 1 d'hydrogène et 8 d'oxygène), on demande : 1° Le poids d'oxygène nécessaire pour brûler 5 g. d'H.; 2° quel poids d'H. peut être brûlé par 7 Kg. 2 d'O.; 3° les poids d'H. et d'O. qui entrent dans la composition d'un litre ou d'un Kg. d'eau.

305 La densité de l'oxygène (comparée à celle de l'air prise pour unité), étant 1,1 et ce gaz entrant pour 0,21 dans le volume de l'air, on demande quel est le volume d'air *théoriquement* nécessaire : 1° A la combustion de 1 kilog. d'H.; 2° à la production de 1 litre d'eau.

306 M. Regnault a trouvé que la houille dite flénu de Mons se compose, sur 100 en poids, de 84,67 de carbone, de 5,29 d'hydrogène, de 7,94 d'oxygène et de 2,10 de cendres. Quelle est la quantité d'H. en excès (sur le poids nécessaire à la composition de l'eau avec l'O. que renferme la même houille) ?

307 Une seconde variété de flénu contient aussi pour 100 en poids, savoir : 83,87 de C, 5,42 d'H. et 7,03 d'O. Quelle est la proportion d'H. en excès ?

308 Sachant qu'il faut théoriquement 9 m.c. d'air pour réduire 1 K. g. de C. en acide carbonique, et 27 m. c. pour réduire 1 K. g. d'H. en eau, on demande la quantité d'air qu'il convient d'employer pour brûler 1 quintal de flénu 1re variété, contenant 84 kilog. 67 de C. et 4,30 d'H. en excès. On admet avec M. Péclet que la moitié de l'O. de l'air échappe à la combustion.

309 L'H. de houille Mons, 2e variété, pesant 80 Kg., on demande : 1° sa composition en

7.

poids, 2⁰ l'H. en excès, 3⁰ l'air nécessaire à sa combustion (307).

310 Le bois sec (desséché à 150⁰) contient environ pour 100 en poids, 50 de C, 40 d'O, 6 d'H. : Quelle est la quantité d'air nécessaire à sa combustion, sachant que les 2/3 seulement sont utilisés ?

311 Même question pour le bois ordinaire contenant les 0,30 de son poids d'eau.

312 Même question pour la tourbe de Long, près Abbeville (Somme), qui contient, pour 100 en poids, 58 de C, 6 d'H. et 32 d'O. environ.

§ 10. PUISSANCES CALORIFIQUES [1].

On nomme *puissance calorifique* d'un corps combustible le nombre de calories ou d'unités de chaleur que développe en brûlant 1 Kg. de ce corps.

313 En admettant avec M. Péclet que les puissances calorifiques des combustibles ordinaires peuvent être calculées d'après leur composition en C. et en H., en ne comptant que la portion d'H. en excès sur celle qui est nécessaire pour convertir l'O. en eau, on demande les puissances calorifiques des deux espèces de flénu ci-dessus

[1] Les problèmes de ce paragraphe sont empruntés au *Traité sur la chaleur* de Péclet, 3ᵉ édition, 1860, revue par M. Ser.

(306,307). On sait en outre que les puissances calorifiques du C. et de l'H., trouvées par MM. Favre et Silbermann, sont respectivement 8080 et 34462.

314 Le coke ne renfermant que du C. et des cendres, on demande la composition d'un coke dont la puissance calorifique est 7.272. — Les matières fixes qui donnent les cendres ne produisent pas de chaleur.

315 Calculer les puissances calorifiques du bois sec et du bois ordinaire (310,311).

316 Même question pour la tourbe (312).

317 Même question pour du charbon de bois contenant 93 pour 100 de C. sans H. libre.

318 A Paris, chez les marchands de combustible, la houille vaut maintenant 56 fr. les 1.000 Kg., le bois 50 fr., le coke 2 fr. l'hectol. comble de 35 Kg., le charbon de bois 20 fr. les 100 Kg. En prenant pour puissance calorifique de chacun de ces combustibles les moyennes suivantes: houille 8.000, bois 3.000, coke 7.000, charbon de bois 7.500, on demande le prix de 1.000 unités de chaleur dans chaque cas.

319 On s'occupe maintenant d'introduire à Paris le chauffage au gaz d'éclairage ; le prix de 0 fr. 30, le mèt. c. auquel le gaz est livré rend la chose possible. En considérant ce gaz comme de l'H. proto carboné, sa densité étant 0,59, et sa

puissance calorifique 13.000, quel est le prix de 1.000 calories?

« Le prix diffère peu de celui qui correspond au charbon de bois, et dans les fourneaux de cuisine la différence serait plus que compensée par la facilité de faire varier à volonté l'intensité du foyer, de l'allumer et de l'éteindre à volonté. »

320 Quelle quantité de houille doit-on brûler par heure dans un foyer pour échauffer de 40°, pendant ce temps 10 mèt. c. d'eau, en employant de la houille dont la puissance calorifique est 8.000, sachant qu'on n'utilise environ que les 3/4 de la chaleur produite.

321 On veut produire par heure 500 kilog. de vapeur d'eau à 100°, nécessitant comme on sait (297) 637 calories par kilog., lorsque, comme ici, l'eau d'alimentation est à 0° : Quelle est la quantité de houille à brûler par heure dans les mêmes conditions que précédemment ?

322 On veut chauffer par heure 20.000 mèt. c d'air de 0° à 50°, dans une cheminée d'appel où toute la chaleur est utilisée, et l'on veut employer du bois ordinaire, c'est-à-dire à 0,30 d'eau, et ayant pour capacité calorifique 3.000. Le litre d'air pesant 1 gr. 3 et le Kg. d'air n'exigeant pour être échauffé de 1° que les 0,24 d'une calorie, on demande le poids de bois à brûler par heure.

Ce dernier fait, que l'air s'échauffe de 1° avec 0,24 de calorie, s'énonce en disant que la *capacité calorifique* de l'air (comparée à celle de l'eau), est 0,24. La *capacité calorifique* d'un corps se nomme aussi *calorique spécifique* de ce corps : c'est la quantité de chaleur nécessaire pour élever de 1° la température de 1 Kg. du corps.

§ 11. ÉPAISSEUR DES CHAUDIÈRES ET DIAMÈTRES DES SOUPAPES DE SURETÉ.

323 L'art. 18 de l'ordonnance royale du 22 mai 1843 fixait l'épaisseur à donner aux parois en tôle ou en cuivre laminé des machines à vapeur, suivant le diamètre de ces chaudières et la tension à laquelle la vapeur devait y agir.

On employait pour cela la formule :

$$e = 1, 8 \; D \; (N - 1) + 3,$$

dans laquelle e représente l'épaisseur en millimètres, D. le diamètre en m., N le numéro du timbre, c'est-à-dire la pression à l'intérieur. Cela posé, calculer cette épaisseur pour un diamètre de 0m,8 et pour une pression de 5 atmosphères.

L'ordonnance dont il est ici question a été rapportée par le décret du 25 janvier 1865, qui ne prescrit rien quant aux épaisseurs ; mais la formule peut toujours servir de guide aux industriels.

324 Une ordonnance prescrivait, pour les soupapes de sûreté, des diamètres tirés de la formule :

$$d = 2,6 \sqrt{\dfrac{S}{N - 0,412}}$$

dans laquelle d est le diamètre exprimé en centimètres, S la surface de chauffe en mètres carrés, et N le numéro du timbre. Calculer d pour

$$S = 10 \text{ m. q., et N.} = 4$$

La surface de chauffe est celle qui *voit le feu,* c'est-à-dire, dans les machines ordinaires, la surface totale des bouilleurs, plus la moitié environ de celle de la chaudière.

Le décret du 25 janvier 1865 dit, art. 5 : *Chaque chaudière est munie de 2 soupapes de sûreté..... offrant chacune une section suffisante.*

Evidemment, on peut encore prendre pour guide les anciennes données.

§ 12. LOCOMOTIVES .

325 La roue motrice d'une locomotive Crampton (à voyageurs et à grande vitesse), a 6^m,60 de circonférence. A chaque coup double de piston, elle fait un tour, et l'on compte 4 coups doubles

1 Ces 3 problèmes sont empruntés à l'ouvrage de M. Menu de Saint-Mesmin à l'usage des candidats an baccalauréat.

par seconde. On demande ce que cette locomotive parcourt de chemin par heure.

326 La limite de la traction que peut exercer une locomotive est égale à l'adhérence de cette machine, évaluée au 1/6 du poids qui comprime les rails sous les roues couplées. De plus, sur des rails secs et de niveau, le rapport du *tirage* (force à déployer égale à la résistance à vaincre), à la pression (poids des voitures à déplacer), égale 0,005. Quel est, d'après cela, le poids du convoi que peut remorquer une locomitive de 40 tonnes à 8 roues couplées. Dans la pratique, le résultat obtenu doit être réduit de 50 p. 0/0, à cause de l'excédant de puissance nécessaire au service (p^r franchir les pentes par ex.).

L'adhérence varie de 1/4 à 1/10 selon qu'il fait sec ou humide ; de plus, en rampe, le rapport indiqué augmente ou diminue d'un millième pour chaque millième de pente.

327 On demande ce que la machine l'Antée, du chemin de fer de Saint-Germain, parcourt par heure, sachant que la roue motrice a 1^m,21 de diamètre au cercle de roulement, qu'à chaque coup double de piston elle fait un tour, et que l'on compte 3 coups doubles par seconde.

CHAPITRE IX.

Fils et Tissus.

§ 1. NUMÉROTAGE FRANÇAIS DES FILS DE LIN
ET DE COTON.

Le *N° d'un fil* indique sa finesse, en faisant connaître, en France et en Angleterre, le *nombre d'écheveaux* de ce fil *contenus dans une livre*.

Cette unité, ainsi que la longueur des écheveaux, étant différente dans les deux pays, il en résulte que le nombre des écheveaux de la livre, c'est-à-dire le N° n'est pas le même en France et en Angleterre pour un même fil.

En France, le système de numérotage est le même pour les fils de coton et pour ceux de lin : *le N° indique toujours combien il y a d'écheveaux de 1 Km. chacun dans 500 gr. de fil* (Ordonnances royales des 26 mai 1819, 8 avril 1829).

Il n'en est pas de même en Angleterre, comme on le verra plus loin.

328 Quel est le N° français d'un fil dont l'écheveau (1 Km), pèse 25 gr.; et quel est le poids d'un écheveau de fil N° 40 français?

329 Quelle est la longueur du fil N° 13 français, contenu dans un paquet pesant 4 Kg. 3/4 ;

et quel est le N° français d'un fil dont 100 m. (une échevette) pèsent 9 gr. ?

330 Quel serait le poids d'un fil n° 100 français, faisant le tour de la terre et la longueur d'un Kg. de ce fil?

Pour plus de clarté, je n'ai parlé jusqu'ici que du numérotage français ; mais il importe de se familiariser avec les numéros anglais des fils de lin (§ 2 et 4), qui sont encore assez généralement employés en France, malgré la simplicité du système français. Il n'en est pas de même des fils de coton : le *système métrique* y est définitivement appliqué en France, ce qui tient sans doute à ce que, jusqu'à l'époque de la signature du traité de commerce entre les deux pays (1860), une partie seulement des cotons filés anglais était admis chez nous (les n°s 143 français et au-dessus).

Les données de ce chapitre sont empruntées à l'*Essai sur les matières textiles*, par M. Michel Alcan, qui résout les problèmes analogues à ceux-ci à l'aide de l'*Abaque* ou *compteur universel* de M. Léon Lalanne.

Pour les tarifs suivants, voir les décrets des 10 mars et 1er décembre 1860 publiés dans le *Bulletin des Lois*, N°s 778 et 875, le traité franco-belge du 1er mai 1861, et le traité franco-prussien entre la France et les Etats du Zollverein, ratifié le 10 mai 1865 (*Mon. 13 mai*).

§ 2. FILS DE LIN.

331 *Le N° anglais d'un fil de lin indique combien il y a d'écheveaux de 300 yards dans une livre anglaise.* Cela posé, calculer à moins de 1 m. près par excès la longueur d'un écheveau anglais de ce fil, et le rapport de cette longueur à celle de l'écheveau français.

332 Calculer à moins d'un demi-centième le rapport du yard au mètre et celui de la livre anglaise au demi-Kg. (pris pour la livre de 1812 à 1840).

333 Quelle est la longueur du fil de lin N° 100 contenu dans un paquet pesant 16 livres anglaises; quel est le N° français du même fil ?

334 Quel est le N° français d'un fil dont 10 gr. ont une longueur de 940 m., et quel serait le poids de 10.000 m. de ce fil ?

335 Quel est le poids d'un Km. de fil de lin N° 50 anglais, et quel en serait le N° français ?

336 Quels sont les poids respectifs de 10 Km. de fil N° 25 anglais et du même N° français ?

337 Quelles sont les longueurs respectives de 10 kilog. de fil N° 40 français et du même N° anglais ?

338 Par quel nombre constant (*coefficient*) exprimé en millièmes, faut-il multiplier un N° anglais pour le réduire en N° français ?

Remarquez le rapprochement de ce coefficient et du rapport des 2 nombres qui expriment les longueurs des 2 écheveaux, l'un en yards, l'autre en m. Cela tient à la presque égalité des rapports calculés, probl. 332.

339 Résoudre la question inverse de la précédente, c'est-à-dire remplacer le coefficient trouvé par un diviseur (*inverse* du multiplicateur).

Les droits d'entrée par 100 Kg. sur les fils simples de lin ou de chanvre importés d'Angleterre, de Belgique ou d'Allemagne sont fixés comme il suit :

Longueur au Kg.	Écrus	Blancs ou teints	Long. au Kg.	Écrus	Blancs ou teints
< 6000 m.	15 f.	20 fr.	24000 m. à 36000	36 f.	48 fr.
6000 à 12000	20	27	36000 à 72000	60	80
12000 à 24000	30	40	Plus de 72000	100	133

340 Réduire les données de ce tableau : 1° en Nos français, 2° en Nos anglais, en ajoutant 2 colonnes à gauche du tableau, après l'avoir disposé tout entier verticalement.

341 Les fils retors, soit écrus, soit blancs ou teints payent les droits sur le fil simple employé au retordage, augmenté de 30 p. 0/0 (Ajouter 2 colonnes à droite du tableau).

Enfin, le lin et le chanvre peignés ne payent rien.

342 Combien doit-on payer de droit d'entrée pour 1 quintal anglais (112 livres) de fil simple écru N° 110 anglais?

343 Quelle est la finesse d'un fil simple et blanc anglais pour lequel on a payé 15 fr. 72 d'entrée pour un quintal anglais?

344 Même question pour du fil simple écru qui a payé 609 fr. 60 par tonne anglaise, cette tonne valant 20 quintaux anglais.

§ 3. FILS DE COTON.

345 En Angleterre, *le N° d'un fil de coton* indique combien il y a *d'écheveaux de 840 yards* dans une livre anglaise. Cela posé, calculer la longueur d'un écheveau de fil de coton anglais, et le rapport de cette longueur à celle de l'écheveau français.

346 Calculer à moins d'un demi-dixième le rapport du mètre au yard, et celui du demi-kilog. (pris pour la livre de 1812 à 1840), à la livre anglaise.

347 Quel est le n° anglais correspondant au n° 143 français (le moins fin des fils de coton anglais admis en France avant 1860).

348 Quel devait être *au plus* le poids d'un

écheveau anglais pour être admis en France avant 1860, c'est-à-dire pour qu'il fût au moins du n° 143 français ?

349 Sachant que 1 Kg. de matière peut donner jusqu'à 320 Km. de fil (M. Alcan), on demande quels seraient les N°ˢ anglais et français de ce fil ?

350 Quelle est en Km. la longueur du fil N° 175 anglais contenu dans un paquet pesant 6 livres anglaises, et quel est le N° français correspondant ?

351 Par quel nombre constant (*coefficient*) doit-on multiplier un N° anglais pour le réduire en numéro français ? Voir la remarque du N° 338 et le N° 346.

352 Remplacer le coefficient trouvé, problème précédent, par un diviseur calculé à moins d'un demi-dixième.

353 Réduire ce diviseur en expression fractionnaire irréductible, et par suite remplacer le coefficient décimal précédent par une fraction ordinaire.

Les droits d'entrée par Kg. des fils de coton simples et écrus venant des Iles britanniques, de Belgique ou d'Allemagne, sont fixés comme il suit par les traités de commerce signés entre ces puissances et la France :

Long^{rs} au 1/2 Kg. ou N^{os} fr.	Prix.	Long^{rs} au 1/2 Kg. ou N^{os} fr.	Prix.	Long^{rs} au 1/2 Kg. ou N^{os} fr.	Prix.
	f. c.		f. c.		f. c.
20 Km.	0 15	61 Km à 70	0 60	111 Km à 120	1 40
21 à 30	0 20	71 à 80	0 70	121 à 130	1 60
31 à 40	0 30	81 à 90	0 90	131 à 140	2 00
41 à 50	0 40	91 à 100	1 00	141 à 170	2 50
51 à 60	0 50	101 à 110	1 20	171 et plus.	3 00

354 Réduire les N^{os} ci-dessus en N^{os} anglais. Ajouter une colonne à gauche du tableau reproduit sur deux colonnes, sans division.

355 Les fils blancs ou teints payent le droit sur le fil simple écru, augmenté de 15 p. 0/0 pour les blancs, de 0 fr. 25 par Kg. pour les teints.

Faire le tableau des droits d'entrée des fils simples de coton blanchis ou teints, en ajoutant 2 colonnes à droite du tableau ci-dessus.

356 Les fils écrus, retors en 2 bouts et les chaînes ourdies écrues payent le droit du fil simple employé, augmenté de 30 p %. Faire le tableau des droits (ajouter 1 colonne).

357 Les fils blanchis ou teints retors en 2 bouts et les chaînes ourdies payent le droit des mêmes objets écrus, augmenté de 15 p % pour les blancs, de 0 f. 25 par Kg. pour les teints. Ajouter 2 colonnes.

Enfin, tous les fils (écrus, blanchis ou teints) retors en 3 bouts ou plus payent, suivant qu'ils sont ou non à simple torsion, c'est-à-dire à un cable ou à plusieurs, 0 f. 06 ou 0 f. 12 par *Kilomètre*.

Ajoutons, pour terminer , que le coton en laine est exempt de droits, et que celui en feuilles cardées ou gommées (ouate) paye 0 fr. 10 par Kg.

358 Quel est le montant des droits d'entrée par quintal anglais (112 livres) de fil de coton simple et écru N° 150 anglais ?

359 Quelle est la finesse d'un fil anglais simple et blanc pour lequel on a payé 117 fr. 14 par quintal anglais ?

360 Même question pour du fil simple teint qui a payé 1.270 fr. par tonne anglaise (20 quintaux anglais).

§ 4. TORSION DES FILS DE LIN..

361 Le degré de torsion des fils s'exprime par le nombre de tours qu'ils présentent dans une longueur fixe, qui est ordinairement le pouce anglais. Chercher le rapport entier du décim. à cette unité.

362 Les *coefficients* moyens de torsion, par pouce correspondant au fil N° 1 anglais, sont respectivement : 1 tour 3/4 pour la trame, 2 pour

la chaîne, et 2 1/2 pour les fils à coudre. Calculer les coefficients ou nombres de tours par décim.

363 Combien un fil de lin N° 36 anglais ayant 12 tours par pouce présente-t-il de tours : 1° dans un écheveau anglais, 2° dans une livre?

364 Mêmes questions pour du fil de lin à coudre N° 100 anglais, et ayant 25 tours par pouce.

365 A quelle longueur du fil à coudre n° 100 anglais ci-dessus correspondent 100 tours de torsion, et quelle serait la torsion d'un écheveau français du même fil ?

316 La torsion par pouce est proportionnelle à la racine carrée du N^o anglais. En désignant par k chacun des coefficients précédents, par T le nombre de tours par pouce et par N le N^o anglais, exprimer cette loi par une formule.

367 Quelle doit être la torsion, 1° par pouce, 2° par décim., 3° par écheveau d'un fil de lin N° 49 anglais pour trame ?

368 Quels sont les N^{os} anglais et français du fil de lin à coudre qui a 120 tours par décim. ?

369 Quel est le nombre de tours à donner par décim. à du fil de lin N_0 30 français pour chaîne ?

370 Même question pour les N_0^s 60 et 80 français de fil à coudre.

§ 5. TISSUS DE LIN.

371 La finesse des tissus s'évalue en comptant le nombre de fils de *chaîne* qu'ils présentent sur une largeur déterminée qui était autrefois le quart de pouce (français), et qui est aujourd'hui le demi-centim. Calculer le rapport de ces deux unités, en prenant pour le pouce la valeur approchée $0^m,027$.

Quelquefois, dans l'industrie, on compte les fils de *trame* nommés *duites*. Dans d'autres cas encore on tient compte des deux espèces de fils en comptant les *croisures*.

372 Calculer à moins d'un centième près *par excès*, le rapport du demi-centimètre au quart de pouce.

373 Réduire ce dernier rapport en fraction ordinaire irréductible, et, par suite, le précédent en expression fractionnaire.

Les tissus de lin ou de chanvre unis ou ouvrés, importés d'Angleterre, de Belgique ou d'Allemagne payent par 100 Kg. à l'entrée en France, savoir, ceux qui présentent *en chaîne* :

Fils au 1/2 cm.	Ecrus	Blancs teints ou imprimés	Au 1/2 cm.	Ecrus	Blancs, teints ou imprimés
8 ou moins	28 f.	38 f.	15-17	115 f.	155 f.
9. 10 ou 11	55	70	18-20	170	230
12	65	95	21-23	260	350
13 ou 14	90	120	24 et p.	400	535

374 Ajouter une colonne à ce tableau en prenant pour unité le quart de pouce.

Dans la vérification des tissus par le demi-cm., toute fraction de fil est négligée.

Certains compte-fils peuvent tenir lieu du quart de pouce et du demi-cm., car au lieu d'offrir un carré ayant pour côté l'une de ces unités, ils présentent un rectangle ayant 1/4 de pouce de longueur et 1/2 cm. de largeur.

Enfin le tarif ci-dessus s'applique aussi aux batistes, linons, mouchoirs encadrés.

375 Une toile de 0^m,75 de large présente 15 fils au 1/2 cm.: combien a-t-elle de fils en chaîne ?

376 Combien doit-on payer de droits d'entrée pour 875 Kg. de toile écrue présentant 16 fils au 1/4 de pouce ?

377 On a payé 984 fr. 25 pour 635 Kg. de toile blanche venant de Chemnitz (royaume de Saxe) : quelle est sa finesse au demi-cm. ?

378 Même question pour 475 Kg. de toile bleue venant de Courtray (Belgique) et pour laquelle on a payé 451 fr. 25.

§ 6. TISSUS DE COTON.

Les droits d'entrée par Kg. des tissus de coton écrus, croisés ou coutils, importés d'Angleterre, d'Allemagne et de Belgique, sont fixés comme il suit :

Classes	Poids des 100 mq.	Fils au 1/2 cm.	Prix	Classes	Poids des 100 mq.	Fils au 1/2 cm.	Prix
			F.				F.
I	11 Kg. et plus.	35 et m.	0 50			27 et m.	0 80
		36 et p.	0 80	III	3 à 7 Kg.	28 à 35	1 20
II	7 à 11 Kg. exclust.	35 et m.	0 60			36 à 43	1 90
		36 à 43	1 »			44 et p.	3 »
		44 et	2 »	IV	< 3 kg. *ad valorem* 15 0/0		

379 Ajouter une colonne à ce tableau en prenant pour unité le quart de pouce.

380 Les tissus *blanchis* payent en outre 15 o/o des droits ci-dessus, les teints, 0,25 par Kg. de plus que les écrus, enfin les *imprimés* payent un droit unique de 15 o/o de la valeur. Ajouter deux autres colonnes au tableau pour les tissus blanchis et teints.

Les *velours de coton écrus, teints ou imprimés,* payent :

Façon soie (velvets) 0 fr. 85, 1 fr. 10 par Kg.

Autres (cords, etc.) 0 fr. 60, 0 fr. 85 par kg.

381 Combien doit-on payer pour une pièce de calicot écru, longue de 45 m. large de 75 cm., pesant 3 Kg. 45 et enfin présentant 40 fils au 1/2 cm.

CHAPITRE X.

Problèmes divers.

382 Le drap de nouveauté, bon ordinaire, revient à Elbeuf (Seine-Inférieure), à 562 f. 60 la pièce de 86 m.; et avec la même matière on fait de l'étoffe solide à 0 f. 75 de moins par mètre (M. Berrier fils).

A combien revient le m. de la 1re espèce, et la pièce de la 2e ?

383 Le prix moyen du mètre de drap, large de 1m,37, pour les quatre principaux genres fabriqués à Elbeuf, est fixé comme il suit d'après M. Berrier fils :

	F.		KG.
1o Draps unis.	13 40 le m. pesant	0 48 ;
2o Id. façonnés pr printemps.	10 20	id.	0 375;
3o Id. id. pant. d'hiv.	13 60	id.	0 68 ;
4o Id. id pal. et mant.	16 »	id.	0 8 ;

Calculer la longueur et le prix de 100 Kg. de chaque espèce.

La fabrication d'Elbeuf, en 1859, a atteint 90 millions de francs.

384 Dans la verrerie d'Escaupont (entre Condé et Valenciennes), on emploie le dosage suivant pour le verre à vitres :

Silice. { Sable de la carrière de Condé. 50 Kg.
{ Quartz *étonné* et pulvérisé . . 50
Sulfate de soude. 40
Chaux crue (carbonate de chaux) . . . 30
Charbon de bois 2 50
Bioxyde de manganèse. . . . . 1 50 (M. Payen).

Combien faut-il de chacune des autres substances pour y mélanger 552 Kg. de bioxyde de manganèse ?

La fusion des substances ci-dessus dure 16 h. et exige 80 Hl. de charbon. Un bon ouvrier fait en 8 h. 80 à 100 cylindres.

385 A Wallers, près de Trélon, la chaux se vend, prise au four, 1 f. 20 les 8 doubles décalitres. A combien revient le mètre cube ?

386 La pierre à chaux, lorsqu'elle est pure et qu'on la soumet à une calcination complète, perd 44 p. 0/0 de son poids. On demande : 1° quel poids de pierre entre dans la fabrication d'un quintal de chaux ; 2° combien on retire de chaux de la calcination de 1.000 Kg. de pierre.

La perte de poids indiquée résulte de la composition chimique du carbonate de chaux, qu a pour formule CO^2, Ca O.

387 Dans un four coulant bien établi, on peut produire en 24 heures 108 Hl. de chaux en calcinant un même volume de pierres, à l'aide de 42 Hl. de houille maigre, et ce travail occupe 5 hommes pendant le jour et 1 pendant la nuit (M. Payen). Sachant que l'Hl. de houille coûte 1 f. 50, que le m. c. de pierres peut être vendu 0 f. 85 et que chaque ouvrier de jour reçoit 1 f. 75 et celui de nuit 2 f. 25, on demande à combien revient au fabricant le m. c. de chaux.

8.

388 Le compte de fabrication de 100 Kg. d'acide sulfurique fumant, dit acide de Nordhausen (ville de Saxe, dans les monts du Hartz), et fabriqué surtout en Bohême, est ainsi établi :

	Au Hartz.	En Bohême.
Sulfate de fer sec.	. 220 Kg. a 11 f. 14 le Ql.	250 Kg. à moit. prix.
Combustible. . .	. 3 st. bois à 2 f. 15 le st.	150 lignites à 0 f. 45.
Main-d'œuvre. .	. 5 fr.	. 5 fr.
4 cornues cassées.	. 1 fr. 50.	. 2 fr. 68.
Intérêts . . .	. 1 fr. 17.	. 1 fr. 14.
Résidus (à déduire.)	. 1 fr. 30.	. 2 fr. (M. Payen).

Quelle est la différence des prix de revient des 100 Kg. dans les deux localités?

Une opération complète dure 48 heures, dans un four de 200 cornues.

389 Pendant les 11 premiers mois de 1865, les exportations de blé de France pour l'étranger se sont élevées à 4.954.645 quintaux métriques, dont 1.854.645 quintaux en grains, et le reste représenté par 2.170.000 quintaux de farine ; les importations n'ont été que de 1.837.180 quintaux en grains et 14.690 quintaux de farine. Calculer la différence en grains de l'exportation et de l'importation, d'après le rendement moyen adopté du blé en farine. Le rendement peut aller jusqu'à 0,80, et même 0,90.

390 D'après les documents fournis par les Douanes, le chiffre de l'importation temporaire des blés étrangers pour la mouture a été, pour les

10 premiers mois de 1865, de 1.338.459 quintaux métriques, qui ont donné lieu à une réexportation correspondante de farines : quel a dû être le montant de celle-ci d'après le rendement adopté 0,70 ?

391 En admettant avec M. Payen qu'on ajoute à la farine de blé, pour le pétrissage, environ 55 d'eau pour 100 de son poids, et que 116 de pâte donnent 100 de pain, combien peut-on faire de Kg. de pain avec 100 Kg. de farine ?

392 Avant le rétablissement de la liberté de la boulangerie (1862), on accordait aux boulangers de Paris 11 fr. de frais de fabrication, par sac de farine de 157 Kg. Combien recevaient-ils ainsi par pain de 2 Kg., d'après le résultat précédent ?

393 Une sucrerie emploie par jour 150.000 Kg. de betteraves qui produisent en moyenne 90 sacs de sucre pesant chacun un quintal. On demande le rendement de la betterave en sucre, et le poids de betteraves nécessaire pour fabriquer un sac de sucre.

394 La Compagnie parisienne, de chauffage et d'éclairage par le gaz est tenue, aux termes de son contrat avec la ville de Paris, de fournir un gaz dont le pouvoir éclairant soit tel que la consommation de 27 l. 5 au maximum, sous une pression de 2 à 3 m. m. d'eau, donne la même quantité de lumière que 10 g. d'huile de colza épurée, brulés

pendant le même temps dans une lampe Carcel type. La densité de l'huile étant 0,9, son prix 1 fr. le litre et celui du gaz 0 fr. 20 le m. c., on demande la différence des prix de la lumière donnée par un Hl. d'huile et par la quantité équivalente de gaz.

395 Depuis 1857, l'éclairage public de Paris se fait au moyen de becs divisés en 3 séries, dont l'éclat respectif est 0,77, 1,10 et 1,72 de celui d'une lampe Carcel réglée de manière à brûler 42 g. d'huile à l'heure. Un bec de la 1re série brûlant par heure 100 litres de gaz, un de la 2e 140, un de la 3e 200, quel est prix de chacun par heure, le m. c. de gaz étant compté à la ville à 0 fr. 20 le m. c.

Les particuliers le payent un peu plus, 0 fr. 30

396 On a remplacé 3 lampes Carcel brûlant chacune 42 g. d'huile à l'heure par des becs N° 1 : quelle est, par heure, d'après les données du N° 394 et la note du n° 395, la différence de prix résultant de cette subtitution ?

307 On remplace 5 lampes Carcel par des becs N° 3, dont l'éclat est 1,72; on paye pour la pose du compteur et des tuyaux 35 fr. 20 : En combien de jours aura-t-on économisé cette somme, si l'on allume en moyenne 5 heures par soirée ?

398 Pour faire un brassin de 72 Hl. de bière

de Lille, on emploie 20 quintaux de malt (orge germée et séchée). (M. Payen). Sachant que l'orge perd par le maltage 20 p. 0/0 de son poids, et que l'Hl. d'orge pèse 65 Kg., on demande : 1° Combien il entre de litres d'orge dans la fabrication d'un Hl. de bière ; 2° combien on peut faire de litres de bière avec un Hl. d'orge et avec un quintal.

399 A la quantité de malt ci-dessus, on mélange 16 litres de froment et 26 Kg. de houblon de Poperinghe (Belgique). Si de plus on ajoute 6 l. de froment et 6 Kg. de houblon, on obtient, outre les 72 Hl. de bière ordinaire, 28 Hl. de petite bière (M. Payen).

A combien revient la matière première de l'Hl. de bonne bière, en évaluant la petite la moitié de la bonne, et admettant que l'orge coûte 20 fr. le quintal, le froment 25 fr. l'Hl., et le houblon 375 fr. le quintal ?

400 Une pierre à chaux dont la densité est 2,35 donne 60 p. 0/0 de son poids de chaux, sans changement de volume : l'Hl. de chaux pesant 115 Kg., on demande la densité de la chaux, et quel volume réel de pierre il faudrait calciner pour obtenir 100 quintaux de chaux.

OBSERVATIONS ET ADDITIONS.

Le n° 303 a été par erreur appliqué à une note.

Note sur les problèmes 20, 21 et 77.

On lit dans le *Moniteur* du 2 mai 1866 :

« Parti de Brest le 31 mars, à 4 heures du soir, le *Péreire* mouillait devant New-York, le 11 avril, à 4 heures du matin. En tenant compte d'un arrêt forcé de 19 heures en cours de traversée, » quelle avait été la vitesse moyenne ?

« Le 21 avril, à 2 heures de l'après-midi, le *Péreire* quittait New-York, et le 1er mai, à 5 heures du matin, il était signalé devant Brest, » quelle avait été sa vitesse moyenne dans ce second voyage ?

1 Quels sont, parmi nos dix chiffres, ceux qui peuvent terminer des nombres premiers ?

2 Démontrer que le dernier chiffre du carré d'un nombre entier est toujours celui du caré des unités de ce nombre, et déduire de là quels sont les chiffres qui ne peuvent terminer un carré ? (T. 180 et 178).

3 Quelle est la condition nécessaire pour que les deux derniers chiffres du carré d'un nombre soient précisément ceux du carré des unités de ce nombre ? (T. 180).

TABLE DES MATIÈRES.

Chapitre VIII. Machines.

Chapitre IX. Fils et Tissus.

Lille, imp. Horemans.